思维导图

全想脑力提升书系

刘志华 著

中国纺织出版社有限公司

# 内 容 提 要

说到思维导图，很多人对它的认识仅仅停留在了解层面，没有进行系统的整合学习，更不要说将思维导图与生活、工作和学习进行有效的融合。英国官方思维导图授权注册讲师刘志华结合自己近20年的培训经验，致力为你打造系统、有用、有效的思维导图训练课程。作者首先从思维导图反映了大脑思考与学习最自然的模式谈起，通过线性联想、联想接龙和事物关联性训练，掌握思维导图的绘制规则及步骤，尝试画出第一幅导图，更列举工作和生活的多场景，发挥思维导图融会贯通、优势思维的价值，帮助你产生创意、解决问题并成就梦想。

## 图书在版编目（CIP）数据

"全想脑力提升书系"思维导图 / 刘志华著. --北京：中国纺织出版社有限公司，2021.1

ISBN 978-7-5180-7955-1

Ⅰ．①全… Ⅱ．①刘… Ⅲ．①思维方法 Ⅳ.①B804

中国版本图书馆CIP数据核字（2020）第195315号

---

策划编辑：郝珊珊　　责任校对：王蕙莹　　责任印制：储志伟

中国纺织出版社有限公司出版发行

地址：北京市朝阳区百子湾东里A407号楼　邮政编码：100124

销售电话：010—67004422　传真：010—87155801

http://www.c-textilep.com

中国纺织出版社天猫旗舰店

官方微博http://weibo.com/2119887771

北京通天印刷有限责任公司印刷　各地新华书店经销

2021年1月第1版第1次印刷

开本：710×1000　1/16　印张：10.5

字数：186千字　定价：59.80元

---

# 前言

## 给自己绘制一个梦想

自从我的第一本书《超级记忆力训练法》出版后，陆续收到了很多读者给我写的邮件，这些邮件除了咨询超级记忆如何训练的问题之外，其中提的最多的就是思维导图部分的问题了。

很多的读者朋友，尤其是已经走上工作岗位的朋友，由于各种各样的原因，没有经过系统的思维导图课程训练，在运用思维导图的时候，无法和工作、生活、学习等方面进行有效的融合，因此也就无法最大限度地发挥思维导图的效能。不能在工作、学习和生活当中熟练运用思维导图并发挥出它的最大限度的效能，你就只能停留在"浅层知道"思维导图的最低级层面上。

随着社会的超速进步，现在资讯的发达超出了人类发展历史上以往的任何一个时代，很多人随时随地只要通过互联网都可以了解到很多关于思维导图的片段资讯，这对于推广思维导图这个思维工具来说是非常有必要的手段。很多人也因为接触和了解了太多这种片段的资讯，没有进行系统的整合学习，所以对思维导图的认知仅仅停留在了"了解"的层面。

在18年的教学生涯中，我在思维导图训练营课上，对学员讲的第一句话是一代武学宗师、功夫巨星李小龙非常推崇的一句话，这句话就是：清空你的杯子，方能再行注满，空无以求全。是的，如果走进我们的思维导图训练营课程，不及时清空大脑里那些以往知道的思维导图碎片，根本无法将这个训练营中所吸取到的养分完全注入自己的大脑。在阅读本书的时候也一样，如果只是抱着了解的心态来看待这本书，我相信，一定不会给你带来多大的帮助和改变，如果你能真正地融入这本书中，一个章节一个章节地学习并认真完成每个章节的训练资料，一定可以让你从以前对思维导图的"了解"晋升到"学到"这个阶段。如果你更加用心，再结合工作、生活和学习一一运用，我想，你很快就能发挥思维导图运用的最佳效能了——融会贯通。

当然，做到"融会贯通"需要一个过程，这个过程不会占用你大量的时间，只需要每天花上30分钟的时间，按照思维导图的绘制规则和步骤，用不同颜色的笔在白纸上呈现出来就好。只要你愿意让自己的思维动起来，一定会成就一个更加优秀的你。一直到现在，我同样还坚持每周画一幅思维导图，并且会把这个梦想传递给每一个需要帮助的人。

今天我动笔写这本关于思维导图的书，也是为了成就一个更加优秀、充满智慧的自己，同时也希望通过自己的努力让每一个正在职场打拼的朋友拥有一个聪慧的头脑，拥有一颗进取之心，在工作、生活、学习中探寻自己人生最大的价值。

通过思维导图这样一个优势思维工具，我们每一个人能够抛弃消沉、懈怠和平庸这三颗"烂草莓"，运用思维导图一起给自己绘制一个五彩斑斓的人生梦想！

# 目录

## 第一章
## 走进思维导图

**001**

## 第二章
## 启动大脑创造力

**017**

# 第三章
## 画出你的第一幅导图

**041**

# 第四章
## 打造高效阅读魔法

**079**

# 第五章
## 成就完美的学习效能

**093**

# 第六章
## 运用智慧工作

**109**

# 第七章
## 做个真正的职场人士

**127**

# 第八章
## 超越自己的梦想

**141**

## 后记

**155**

# CHAPTER 1

# MIND MAP

## 第一节
## 我与思维导图的缘分

第一次接触思维导图是在1999年的夏天，我作为老学员参加了"超级记忆精英复训营"。在训练营结束的时候，老师送给了我一本托尼·博赞先生写的《思维导图》。仔细研读后，我对思维导图产生了浓厚的兴趣，后来又经过老师的推荐，参加了五天五夜的"思维导图思维风暴训练营"。经过这次系统培训，我对思维导图的来源、原理、绘制步骤以及在生活、工作、学习上的应用都有了进一步的认识。训练营课程结束后，我每天晚上睡觉之前都会花上30分钟的时间，对自己在学习以及生活中遇到的难点或者无法及时解决的问题，运用思维导图法进行源头思考，采用5W3H分析法找到原因并且提出至少三个解决方案，最后用白纸把解决方案用思维导图迅速绘制出来。通过这样的实践，我不仅快速提升了解决问题的能力，还为以后的教学提供了丰富的素材。

5W3H分析法，又称"八何分析法"。运用5W3H分析法，进行顾客分析、市场需求分析，解决计划编制的结构问题、方向问题、执行力问题等。运用5W3H分析法进行问题分析，具体可以这样做：

Who：人——什么人发现了问题？

What：事物——什么东西出现了问题？

Where：地点——在什么地方出现了问题？

When：时间——什么时候发生的问题？

Why：原因——为什么这个成为了一个问题？

How：方法——用什么方法量化异常的程度？

How much：问题发生量——问题发生的程度有多大？

How feel：感受——该问题对自己或他人造成了怎样的影响？

现在回过头来看，我真的很幸运，在最好的年华里遇到并学会了这个被誉为"思维瑞士军刀"的思维工具，每一次的熟练运用都会给自己带来意想不到的收获。但在刚开始把思维导图介绍给学员的时候，我还是遇到了不少的挑战。印象最深的一次经历，我至今都无法忘怀。2001年8月16日早上，一走进公司培训中心的大门，就被在工作上一向对我很照顾的部门主管拉到了会议室里面，他神秘兮兮地给了我满满4张A4纸的电话号码，说是只要打完这些号码就可以帮助我迅速提升当月的业绩。作为唯一一个在公司里面不要底薪只要业绩提成的培训助教来说，主管愿意把意向客户的电话号码给我，简直是天上掉馅饼。主管一本正经地对我说："小刘啊，这些都是重要的客户资源，你一定要认真对待，记录下每一次电话沟通的情况。"看着主管真诚的眼神，我大声说："放心吧，主管，我不会给您丢脸的！"听完我的话，主管拍了拍我的肩膀，点了点头，快步回到了自己的办公室，留下我独自一人在会议室欣喜若狂。

可惜没高兴多久，我花了两天时间认真打完了4张纸上的所有号码，只有两个客户有意向来听我们的"思维导图头脑风暴训练营"课前分享会。但等到周六课前分享会开始的时候，真正来的客户只有其中一位，另一位因为临时有事走不开，很遗憾错过了那次分享会。现在主要来讲讲我跟错过这次分享会的客户后来因为思维导图结缘的故事。

这位客户姓黄，是上海闵行区一家大型制造企业的总经理。由于公务繁忙，黄总很难抽出时间走进我们的课堂。为了说服黄总了解训练营，我开始电话预约跟他见面，希望跟他详细地聊一聊，但每次一跟黄总说要见面详聊，他总是找一些理由开始推脱。很多人在这时候就放弃了，但我并没有放弃，这反而激起了我的斗志——一定要他的身影出现在这个训练营里！于是我把他一定要出现在我们的训练营作为目标列在彩色梦想板上，挂在办公桌前，每天都能看见。这个梦想板一直激励着我不要轻易放弃，继续跟黄总电话联系。

机会终于来了。2002年的1月18日上午，拜访了另外一个客户后，我乘车正好经过黄总的公司，于是下车给黄总打了个电话，感谢他对我工作的支持，中午一起吃个便饭。黄总在电话里听说我已经在他公司大门口了，也不好意思拒绝了。饭后，黄总邀请我去他办公室里坐坐。进入黄总办公室，左边香案上一尊高大的佛像立刻映入眼帘，我上前拿起一炷香点燃后恭恭敬敬地拜了拜。回到位置上，我刚坐下，黄总就微笑着问我："小刘，你对佛法有点了解？"我点了点头，说："我住在龙华寺旁边，经常去龙华寺听大师们讲佛法。"发现了共同的话题后，黄总的话匣子一下子就打开了，原来黄总是马来西亚的第二代华人，受到父辈们的影响，喜欢上了佛教。通过聊天，了解了他的经历以及对佛禅的理解，我在笔记本上记录了一些关键信息。就这样，3个多小时的时间，不知不觉地就过去了，因为公司有规定，每周五必须要在下午5：30分之前赶回公司开周工作总结会，我便起身告辞。

回到公司，开完会，我在办公室里用思维导图迅速绘制出了谈话的内容及要点，然后在周日找了一家装裱店，把这幅思维导图装裱起来。1月22号的下午，我把这幅思维导图送到黄总的办公室，这幅思维导图立刻深深吸引了黄总的注意力。通过我仔细的讲解，黄总了解到了更多关于训练营的内容，后来协调好时间，亲自参加了"思维导图头脑风暴训练营"。训练营课程结束后，黄总给我介绍了很多朋友及自己公司的其他管理人员来参加训练营课程，最后我们成了忘年之交。

　　这次宝贵的经历，让我更加坚定了自己的信念：一定要成为一位优秀的培训师，帮助每一位希望改变自己、提升自己的朋友，通过培养优势思维模式和练就超强的记忆力，早日实现自己的理想。

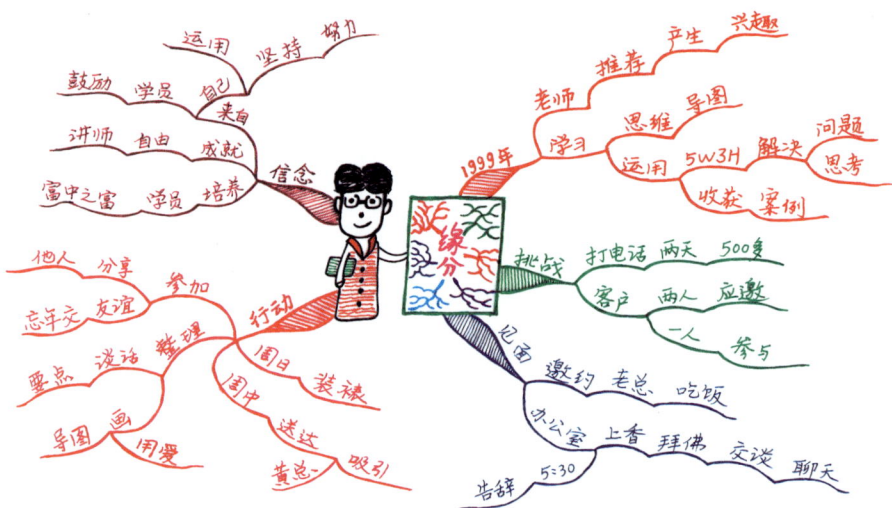

# MIND MAP

## 第二节
## 思维导图的由来

在2016年，我参加了由英国Open Genius主办，托尼·博赞（Tony Buzan）先生亲自授课的思维导图培训，又一次系统地学习了这一终极思维工具，成为老先生的亲传弟子，并得到了TLI（Think Buzan Licensed Instructor）讲师认证。

感谢思维导图带给我这么多的收获，接下来我就说一说思维导图的由来。托尼·博赞先生在1974年发明了思维导图，它的英文名称叫作"*Mind Map*"或者"*Mind Mapping*"，中文名称叫作"思维导图"。

托尼·博赞在大学时代，在遇到信息吸收、整理及记忆等困难时，前往图书馆寻求帮助，却惊讶地发现没有相关书籍资料，于是开始思索和寻找新的思想或方法来解决。在大量研究心理学、神经生理学等学科后，他渐渐地发现人类大脑的每一个脑细胞及大脑的各种技巧如果能被和谐而巧妙地运用，就可以产生更高的效率。经过一段时间的摸索，尤其是受到达·芬奇在笔记中使用图画、代号、连线及涂鸦的启发，他开始设定一些词汇、数字、代码、食物、香味、线条、色彩、图像、节拍、音符和纹路等用在自己的学习笔记上。通过不断地改进和应用，博赞先生的学习时间不但大大减少了，而且效率还有了大幅度的提升，成绩因此也好了起来。

大学毕业后，一次偶然的机会，托尼·博赞成为一位兼职家教老师。在教学中，他发现很多孩子的笔记做得一塌糊涂，于是就把大学时代做笔记的方法教给了学生，这种新奇的笔记方式很快就赢得了学生的喜欢。在不断的实践运用中，这些学生的成绩有了明显的提升，有的成为同龄人中的佼佼者。其中最有名的是一个叫芭芭拉的女生，运用思维导图学习了一个月后，她的成绩大幅提高。后来博赞先生根据每个学生的实际学习情况，把这种笔记方式做了进一步的调整，最后他把这种同时拥有图片、颜色、关键词和各种线条的笔记方式取名为 *Mind Map*，翻译过来就是"思维导图"，一个伟大的思维工具就这样诞生了。

真正让思维导图声名大噪、响彻世界源自一个偶然的机会。在博赞辅导的学生中，有一位同学的家长当时在英国BBC电视台任职，他看见自己的孩子每天都把笔记画在一张纸上，这引起了他的兴趣。在初步了解了思维导图后，他觉得非常不错，就在电视台为博赞先生争取了一个30分钟的节目时间。在制作节目内容的会议上，博赞先生现场为所有的工作人员画了头脑风暴式会议的思维导图。看着渐渐完整的图形，BBC继续教育部门的领导被彻底征服了，并要求把一期的节目做成一个系列，共10期。这个名叫《使用你的大脑》的系列电视节目一经播放就引起了巨大轰动，BBC与博赞合作，迅速推出了一本与节目相关的书籍。该书大获成功，博赞先生成为英国家喻户晓的"大脑先生"。

思维导图由此走向了世界，博赞先生所撰写的20多种大脑方面的图书被翻译成几十种语言，在全球50多个国家出版，并成为世界顶级公司进行高级人员培训的必选教材。新加坡、澳大利亚、马来西亚等国家将思维导图引入教育领域，已经基本成为中小学生的必修课，用于提升中小学生的智力和思维水平并取得良好效果。哈佛大学、剑桥大学等知名学府也大力推进和使用思维导图。名列世界500强的众多企业如波音飞机、苹果、IBM等许多跨国公司更是把思维导图作为重要的工作工具。

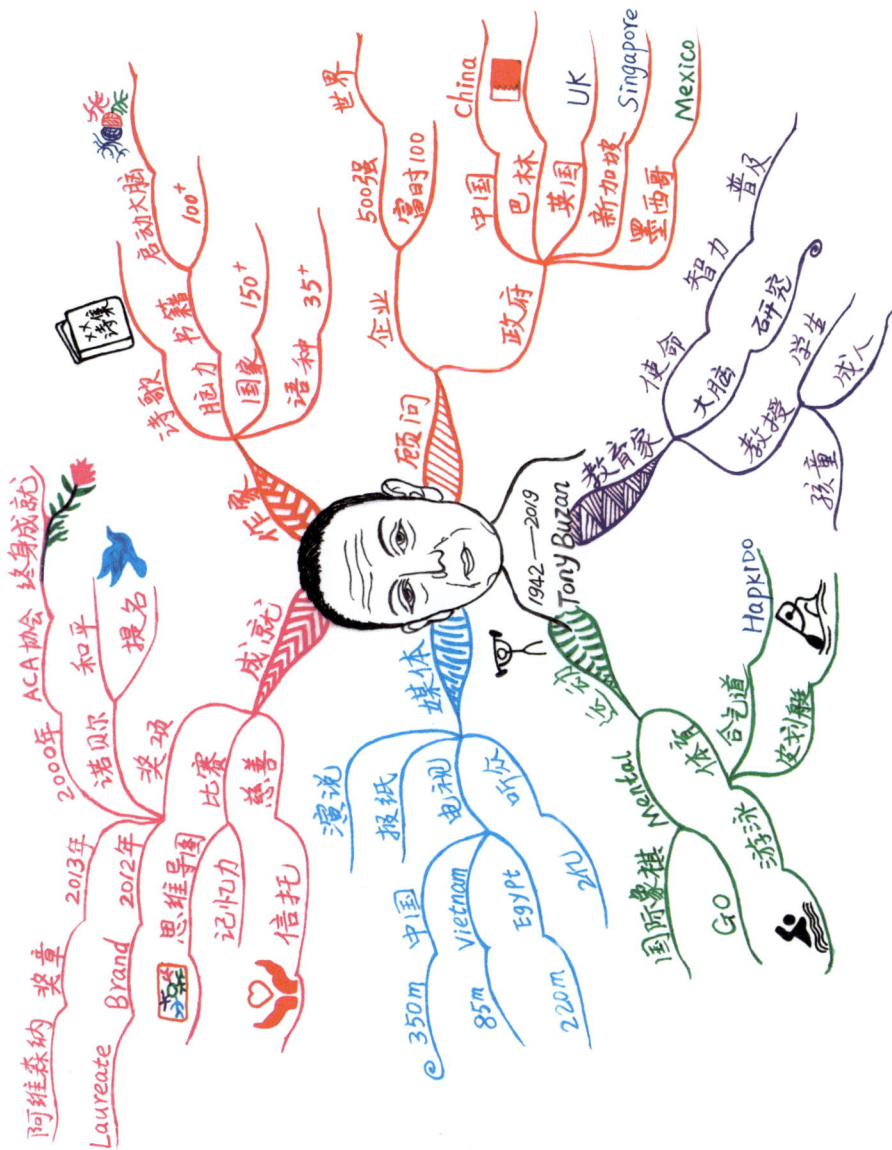

# MIND MAP

## 第三节
## 思维导图与大脑

在目前传统的教育当中，大多数人都是从幼儿园就开始接受被动的"填鸭式"知识填充，经过十多年甚至更长时间的学习，终于拿到了理想学校的毕业证书，很多人觉得终于可以轻松了。但事实是，到了职场上，我们会发现工作中所遇到的各种各样的状况比在学习中遇到的问题要困难得多，而以前在学校里埋头苦读学习来的知识，根本无法满足现在职场的需要。因此，很多人又开始职场充电，当然在职场压力逼迫下的学习是没有快乐可言的。如果看完本书后，将大脑潜能和思维导图结合起来的话，我相信，你就可以快乐学习并能学以致用。

为什么要这样讲呢？看过我前面两本书的读者一定知道，在第一本书《超级记忆力训练法》（畅销升级版）中，就讲到了人类的大脑。人类的大脑是在长期进化过程中发展起来的思维和意识的器官。通过了解大脑的基本结构、功能以及对各种信息的处理模式，在运用思维导图的时候我们才能发挥大脑最大的效能。因此，揭示大脑所隐藏的奥秘，是各国生物学家以及神经学家孜孜以求的奋斗目标。由于大脑的结构和功能极其复杂，需要进行不同层次的研究，因此，了解大脑的奥秘成了人类最具有挑战性的工作之一。苏联学者伊凡耶夫里莫夫认为："一旦我们人类的科学发展能够更深入地了解和开发大脑，人类将会为储存在脑内的巨大能力所震惊。如果人类能使大脑发挥出一半的功能，那么将可以轻而易举地学会40种语言，背诵整部百科全书，拿到12个博士学位。"还有人把大脑空间比喻为"地球上未被开发比例最高的地区"。1997年，美国、英国、法国、德国、日本等19个国家共同组织，以"认识脑，保护脑和创造脑"为目标的人类脑计划正式启动，中国在2001年9月成为参与这一计划的第20个国家。

人类的大脑主要分为左、右两个半球，目前普遍被大家所接受的左右脑分工理论是这样的：

左半脑主要负责逻辑、记忆、时间、语言、判断、排列、分类、分析、书写、推理、抑制、五感（视、听、嗅、触、味觉）等，思维方式具有连续性、延续性和分析性。因此左脑被称为"意识脑"或者"学术脑"。

右半脑主要负责空间形象、直觉、情感、身体协调、视知觉、美术、音乐节奏、想象、灵感、顿悟等，思维方式具有无序性、跳跃性、直觉性等。因此右脑又被称为"创造脑"或者"艺术脑"。

左右脑的分工其实在我们的生活中也可以真切感受到，启动右脑思维处理图像、声音、韵律等资料要比启动左脑思维处理文字、数字等资料要高效得多。比如，唱歌就要比记歌词来得容易，因为唱歌是听到声音和韵律，运用的是右脑思维，歌词是文字，文字没有图像，就只能启动左脑死记硬背。同理，同样的材料，看影片就要比看文字容易记忆得多。因此，右脑不但有高速信息处理能力，还会爆发灵感和顿悟。在右脑这样一个低耗高效工作区，可以轻松做到高速记忆、高质量记忆，经过训练，可以让人具有过目不忘的本领。

正是因为右脑具有这样的特点，在记忆力和思维能力训练课程中，我一直倡导左右脑平衡思维，运用右脑思维把一些难以记忆的资料变成图片、声

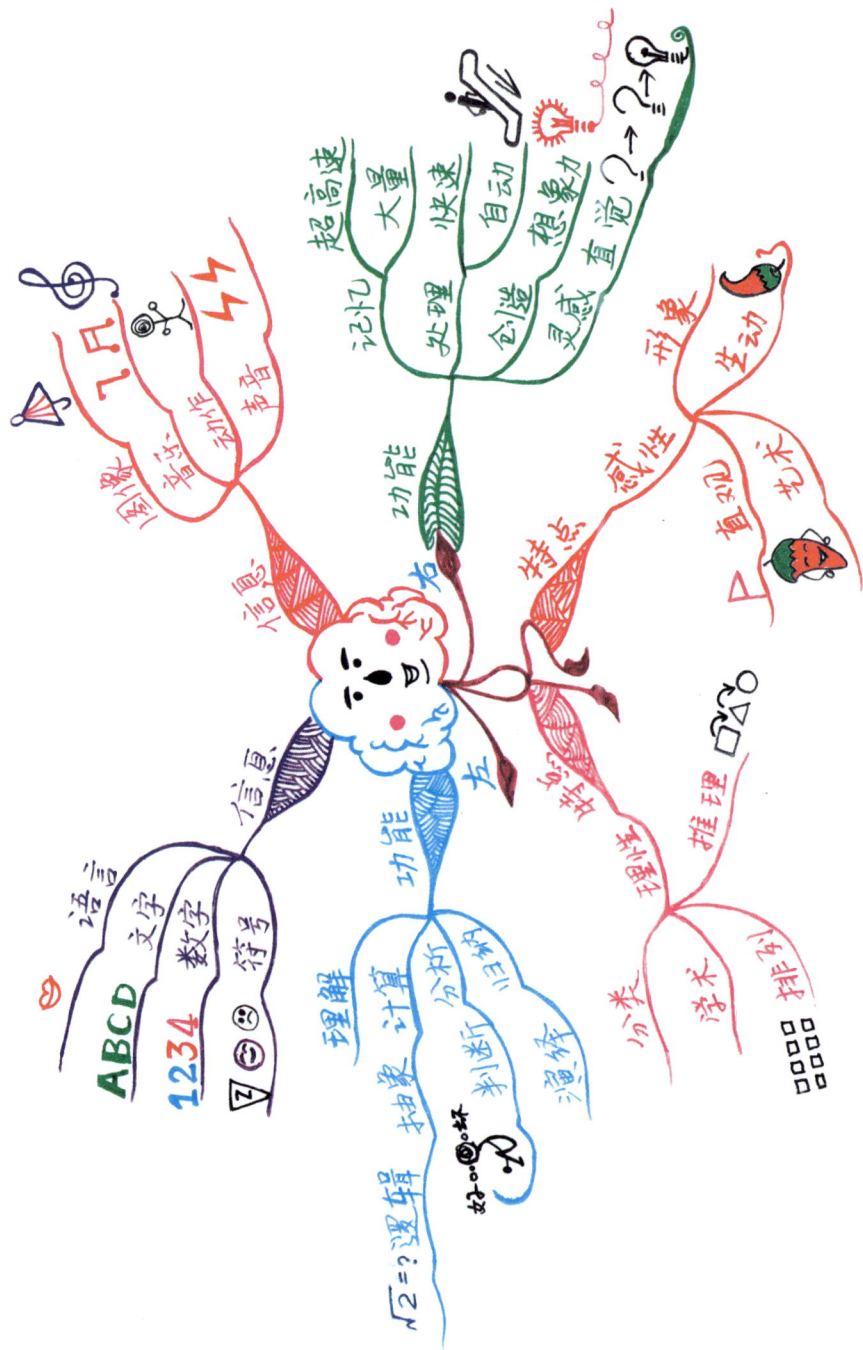

音、韵律等，再用思维导图的形式呈现出来。这样做不但可以在记忆文章、条文等学习资料的时候达到事半功倍的效果，还可以利用绘制小图标等方式来启动大脑的想象力及创造性思维。

为什么把大量的学习资料或者工作资料用思维导图的形式呈现出来，就可以达到事半功倍的效果呢？这是因为思维导图直接反映了大脑思考与学习最自然的模式，同时最大限度地直观呈现了大脑优势思维的原理。

这里就必须要提到大脑最基本的组成单位——脑细胞。一个健康的成年人的大脑有140亿~230亿个脑细胞。这里所说的上百亿的脑细胞，还不包括大脑的表层以及其他部位所包含的脑细胞。如果要加上下丘脑、脑干、大脑皮层、小脑以及与大脑相连的一部分脊髓细胞，至少也是成千上亿万个细胞了。虽然微小，但每一个脑细胞在现代超级显微镜的放大下周围，都有数十根、数百根甚至更多发散状的触须。这些触须分别通过一个连接点和另一个细胞的一个触须链接起来。科学研究发现，每个脑细胞都可以在同一时间与自身相邻的上万个脑细胞神经元链接在一起，形成一个复杂的网状结构。这个网状结构和思维导图的结构类似，都是由一个中心向四周发散扩展出去。

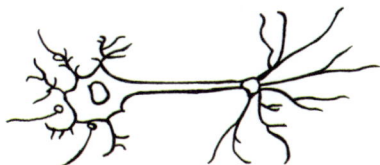

脑细胞神经元结构

思维导图结构

# MIND MAP

## 第四节
## 思维导图的作用

随着思维导图的不断普及，世界上使用思维导图的人数已达数亿。2009年，在吉隆坡马来西亚博特拉大学举行的第14届国际思维会议上，当时的马来西亚高等教育部长卡里德·诺丁宣称，21世纪是大脑的世纪，新千年是大脑的千年，同时还宣称思维导图成为智力的"终极思维工具"。

思维导图能轻松解决人们在工作、生活以及学习中遇到的各种问题，获得更多的创意，比如：

1.增加学习动机及兴趣；

2.增强组织力及逻辑思考能力；

3.提升创意思维能力；

4.提升问题分析与解决能力；

5.提升理解力和注意力；

6.在大量数据中快速抓住重点；

7.节省阅读时间；

8.提高记忆力和提升阅读效率。

······

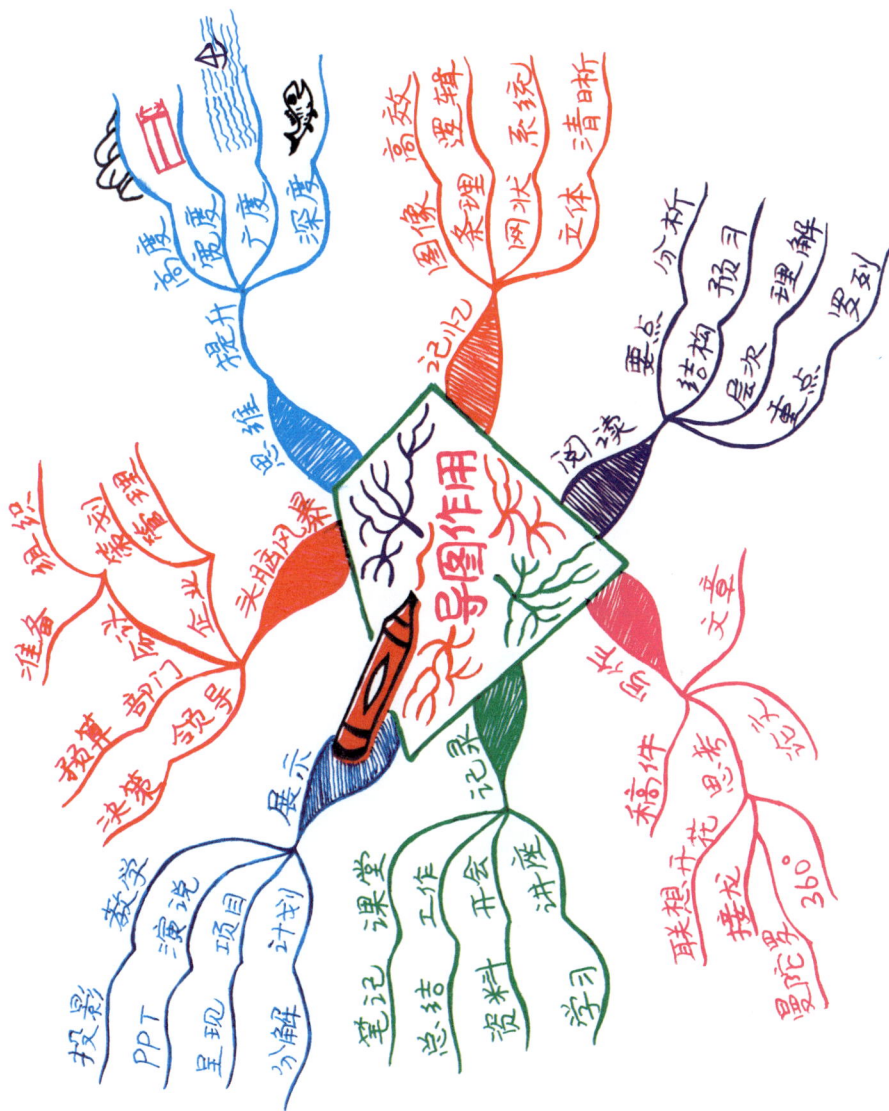

思维导图作用

思维
- 提升
  - 高度
  - 宽度
  - 广度
  - 深度
- 头脑风暴

记忆
- 图像
- 条理
- 逻辑
- 高效
- 归纳
- 系统
- 立体
- 清晰

阅读
- 分析
  - 要点
  - 结构
  - 层次
  - 重点
- 提取
  - 纲目
  - 理解
  - 罗列

企业
- 培训
  - 策划
  - 编程
- 准备
- 组织
- 报告
- 制度
- 部门
- 讲学
- 决策

展示
- 投影
- 教学
- 演说
- 项目
- 计划
- PPT
- 呈现
- 分解

记录
- 笔记
- 课堂
- 工作
- 开会
- 讲座
- 总结
- 资料
- 学习

文章
- 出书
- 稿件
- 联想
- 分析
- 思考
- 鲜花
- 接花
- 思路
- 骆驼界
- 360°

# 第二章
# 启动大脑创造力

# MIND MAP

## 第一节
## 你是绘画天才

在绘制思维导图的过程中，我们必须学会运用一个关键的记忆技巧——图像。图像在思维导图的学习中扮演着一个非常重要的角色，它不但可以让大脑的创造力迅速地提升，而且可以在绘制思维导图的过程中，让大脑清醒，提升记忆的速度和效率。但是，这个关键的提升记忆技巧让很多人在刚开始学习思维导图的时候就犯难了。为什么？因为很多人没有学习过绘画，害怕自己画不出，画不好，画得难看。

其实，这种担心都是多余的。在思维导图训练中，你只需要运用三个基本图形，就可以绘制思维导图。

第一个基本图形：△三角形。这个简单的图形在学习的过程中很容易见到，尤其在几何科目中。它是在同一平面内，由不在同一条直线的三条线段首尾相接组成的一个闭合的平面图形，是一个最基本的多边形。在绘制图像的时候，只要利用好这一点，就可以轻松画出跟三角形相关的物体的简笔画了。你现在可以在大脑里想象下面这些物品的样子，是不是都与三角形有关？如果可以的话，还可以把它们画出来。

1.帽子　2.三角尺　3.雨伞　4.指示牌　5.晾衣架　6.小红旗　7.钻石

怎么样？是不是很轻松就画出来了？如果画不出来也没有关系，不断地运用三角形物品做练习，很快你就可以画得很好了。下面是参考图：

第二个基本图形：○圆形。圆形是一种看来简单，实际上很奇妙的几何图形。它是在一个平面中到一个定点距离为定值的所有点的集合。据人类学家考证，古代人最早是从太阳、从阴历十五的月亮得到圆形的概念的。人类在得到圆形概念以后就非常聪明地运用了起来，并广泛流传。18000年前的山顶洞人曾经在兽牙、砾石和石珠上钻孔，那些孔有的就是圆形的。大约在6000年前，美索不达米亚人做出了世界上第一个圆木盘。大约在4000多年前，人们将圆的木盘做成了车轮。在现代人的生活中，圆形的物品无处不在。现在我们就利用圆形来画出一些生活当中常见的物品吧。

1.碗　2.平底锅　3.苹果　4.水桶　5.气球　6.足球

怎么样？这些图像画起来是不是很轻松？看看下面的示意图，相互对比，给自己鼓励一下。

第三个基本图形：□方形。方形在我们生活、工作、学习中经常见到，但在思维导图的绘制过程中，要运用到两种方形：一种是正方形，另一种是长方形。不管是哪一种，我们只要根据物品的轮廓，合理运用正方形或者长方形就好了。现在，把下面这些物品用方形画出来吧。

1.电脑显示器　2.冰箱　3.保险柜　4.衣柜　5.魔方　6.手提包　7.信封

现在，对比一下参考图，看看我们绘画的物品有什么不一样。

在上面的练习中，我们分别运用三角形、圆形、方形绘制了许多物品，但是只掌握了这三个简单的绘图技巧肯定是不够的。事实上，在思维导图中绘制复杂图像的时候，我们还会用到很多组合图。把这三个基本形状巧妙地组合在一起，就可以生动形象地画出一些外形复杂的物品。在思维导图训练中，通常把这种绘图技巧叫作"基本形组合"。比如，我们用这三个基本图形画出电灯的图像：

现在请用这三个基本图形组合，在下列文字下的空白处绘画出以下6个物品：

1.电风扇　　　　2.电脑　　　　3.台灯

4.跷跷板　　　　5.闹钟　　　　6.电视机遥控器

　　通过上面的练习，现在你是不是觉得思维导图的绘图非常简单了呢？其实，熟练掌握了这些绘图的技巧后，你还可以加入一些想象和创意，画出具有个人风格的图画，这对于提升大脑的创造力有非常巨大的帮助。

# MIND MAP

## 第二节
## 线性联想训练

    在《超级记忆力训练法》（畅销升级版）一书中，"线性联想"训练也叫"联想开花"训练，就是以自己认识的某一个事物或者词组为中心主题展开联想，拓展思维的宽度，所发散的主题内容不受任何限制地向四面八方放射，就像一朵绽开的花向四周展开一样。具体图示如下：

线性联想训练的关键要点：

1.由一个主题散发出联想。

2.直接快速不加修饰。

3.尽情释放大脑的联想。

通过这三步，每天花上10分钟就能让大脑快速地动起来。进行线性联想训练的时候，只要确立好一个"中心主题"，就可以快速启动大脑，从"中心主题"可以线性地发散出几十、几百、几千、几百万个箭头，每个箭头代表一个与中心主题相关联的联想。经常进行线性联想发散训练，可以激活大脑神经细胞，迅速拓展大脑思维的宽度。把线性联想发散训练应用在思维导图学习中，你可以在思考时快速找到事物之间的共通点，在思维出现混乱的时候抛弃那些零乱而烦琐的想法，并从源头进行思考。

接下来，我们以"圣诞树"为主题，进行联想开花练习。从"圣诞树"这个主题出发，快速地向四周发散，得到了以下的联想：

上面这些通过主题发散出来的都是实实在在的人、事、地、物，因此我们把这种线性发散联想叫作事物线性联想。事物线性联想就是围绕一个事物直接快速地发散出另一个相关的事物。这种发散方式相对简单，刚开始进行思维训练的时候多采用这种方式，随着练习的深入和熟练，你就可以从一个事物直接快速地发散出一个相关的抽象词。

例如，用"爱迪生"进行线性联想发散出一些抽象词，就可以得到以下联想：

从现在开始，每天挑选一个主题做练习，坚持21天，你会发现，思维发散的宽度一定比没有练习之前进步了很多。现在，用下面给出的主题词，进行线性联想发散吧！

1.以"汗水"为主题进行线性联想，发散出事物，越多越好。

2.以"石头山"为主题进行线性联想，发散出抽象词，越多越好。

# MIND MAP

## 第三节
## 联想接龙训练

联想接龙，就是以选定好的某一个事物或者词组为"中心主题"，然后由中心主题激发出联想，再由激发出的联想变成主题继续激发出下一个联想，像条长龙一样无限制地往下延伸。它就像一个无限的舞台，每一个激发出来的联想都是主题。联想接龙分为两种：一种为自由式，可以任由思维自由发挥；另一种为固定式，以成语、歌词、故事、因果关系等为固定发散结构。在思维导图训练中，联想接龙能够提升思维的深度、宽度以及广度，每天进行5~10分钟的联想接龙训练，可以提升思维的创造性。其具体图例为：

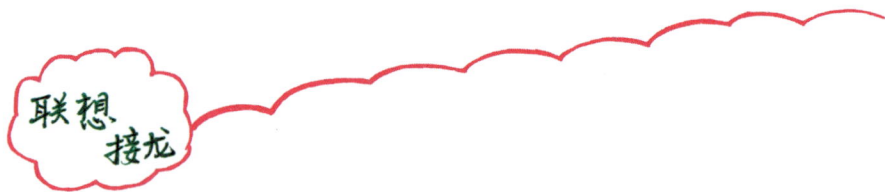

联想
接龙

联想接龙的关键要点：

1.由主题直接发散出一个联想；

2.再由联想变成主题激发下一个联想思维；

3.一层一层深入思维；

4.直接、快速、不加修饰；

5.尽情释放你的大脑。

根据以上的步骤，以"大树"为主题，开始自由式联想接龙练习，就是这样：

从"大树"联想到"树叶"，从"树叶"联想到"虫子"，从"虫子"联想到"小鸟"，从"小鸟"联想到"鸟窝"，从"鸟窝"联想到"小草"，从"小草"联想到"土地"，从"土地"联想到"蚯蚓"，从"蚯蚓"联想到"小麦"，从"小麦"联想到"面粉"，从"面粉"联想到"馒头"，从"馒头"联想到"食堂"，从"食堂"联想到"筷子"，从"筷子"联想到"竹子"，从"竹子"联想到"毛毛虫"，从"毛毛虫"联想到……

具体图例为：大树→树叶→虫子→小鸟→鸟窝→小草→土地→蚯蚓→小麦→面粉→馒头→食堂→筷子→竹子→毛毛虫→……

就这样，联想思维就会一个主题紧扣一个主题无穷无尽地流淌出来。当

然我们也可以以词语等为主题，进行固定式联想接龙，固定式联想接龙必须设定规则，比如以每个词语的第一个字或者最后一个字进行联想接龙。

以"水牛"为主题，并以联想出来的词的最后一个字进行固定式联想接龙训练：

水牛→牛人→人民→民歌→歌手→手机→机会→会议→议论→论文→……

刚开始练习时，建议大家先采用自由式联想接龙，让联想思维自由驰骋，让联想思维变得更加开放。下面，我们以"洗澡"为例做自由接龙：洗澡→沐浴露→洗漱间→毛巾→汗水→额头→美人痣→皮肤病→红霉素→药膏→制药厂→机器→工人→衣服→棉花→……

好了，联想接龙训练你学会了吗？学会了就开始做下面的练习题吧！

1.由"清洁工"这个词进行自由式联想接龙练习。

2.由"大脑"这个词进行自由式联想接龙练习。

3.由"电脑"这个词进行固定式联想接龙练习。

# MIND MAP

## 第四节
## 事物关联性训练

事物关联性训练其实来自达·芬奇的思想。达·芬奇认为，人并不孤立于自然或周围的所有事物，任何一个人都和自然或者周围的所有事物有所关联，只要你对周围的事物充满强烈的好奇，就可以从对事物及自身的观察、思考、想象中，捕获发现新见解或细节，而这些新见解或者细节则可以对当前现象做出更好的理解和深入探索，是开启未来希望的钥匙。

达·芬奇十分注重事物之间的相互关联性。这有助于发现新的联系和结合，开启科学和哲学的全新领域。在我们每天的生活、工作、学习中都能找到正在进行中的关联性训练例子。例如，在公司会议中，你提出的最佳的想法通常都是找到一些较细微的想法，再关联每个想法的优点而成的；研发部门提供给客户的最佳解决方案通常是结合各种产品和服务的优点找到相互的关联性组合而成的。在生活中，手机生产商为了满足每个人随时随地都能定格打动自己那一瞬间的感动，就找到照相机和手机的关联性，研发出了拍照手机；同样，食品生产商找到了花生、薏米、黑米、红枣都可以食补的关联性，制造出了广受喜爱的八宝粥。在学习中，很多用品也是因为找到了和某一事物的关联性，迅速提升了自身的价值。例如，国内的某一文具生产商因为找到了2008年北京奥运会和自己公司所生产文具用品的关联性，最终成为了北京奥运会的赞助商，通过不到一个月的奥运比赛时间，迅速成为了国内外知名的文具品牌，给公司的发展开启了新的篇章。

那么，怎样才能在事物与事物，或者说创意与创意中迅速建立联系并找到关联性呢？答案其实很简单——启动大脑的创造力，大脑创造力来源于每个人发散思维的深度、宽度以及广度。一个人在发散思维的时候，思维的深度、宽度及广度可以迅速帮助自己在寻找事物与事物、创意与创意之间的关联性时，让思维无拘无束，灵动跳跃，敢于大胆突破常规自由构想，不受逻辑法则的约束，不受现实法则的约束，能迅速找到它们之间存在的共同或者共通的要点，也可以是彼此之间存在的不同或者不共通的要点。对于思维导图的初学者来说，在寻找关联性的练习中还必须进行两个非常关键的能力训练——提高观察力和调动感官。

想要拥有敏锐的观察力，必须做到"坚持"。只要你有强烈的意愿从今天开始改变自己，我们就可以随时随地利用身边的场景进行增强观察力的练习。下面提供的都是非常有效的训练方法：

1.走在街道、公园或者旅游景点时，边走边说出周围的花草树木、颜色、方位。

2.观察身边匆匆而过的行人，当他从自己视线里消失后，立刻回想他的衣服、裤子、鞋帽的款式、颜色、身高、胖瘦以及身体最明显的特征等。

3.经过商场时，迅速把货架上的商品扫视一遍，等走出商场后，仔细回忆货架上的每一件物品，越多越好，越仔细越好。

4.在电脑上玩一款游戏——大家来找碴，这对于培养观察力和视觉分辨能力非常有帮助。

5.读完一篇文章后，用自己的语言将其中的场景或情节复述出来。

6.看到电视新闻或者网上对人有启发的故事，尽可能用场景描述的方式讲给朋友或者身边的人。

7.看完一部电影或者一集电视连续剧后，把里面的场景尽可能详尽地讲给身边的人。

上面这些观察力训练方法，我把它叫作"场景再现"训练法。其实在生活当中，运用"场景再现"训练观察力的机会很多，关键在于你是否会利用它。这种方法不仅可以培养观察力，更能提升思维发散能力和增强自我表达能力，练得越多，你就会发现自己在寻找事物与事物、创意与创意之间的关联性的能力越来越强。

经过前面不断的练习，提升了观察能力后，调动感官就非常容易了。人的感官就是常说的五觉系统——即视觉、听觉、嗅觉、味觉以及触觉。调动感官就是把每个人运用视觉、听觉、嗅觉、味觉以及触觉把外界所感知到的信息输入自己的大脑，并在大脑里面运用图像的形式呈现并输出的过程，从而达成记忆的目的。其实，学会运用思维导图，迅速调动每个人天生就具备的超强记忆渠道——五大感官，也就是常说的视觉、听觉、嗅觉、味觉和触觉。只要调动五大感官共同记忆资料或者文章，实现长期记忆的效果都是非常容易的事情。

在《超级记忆力训练法》（畅销升级版）一书中，我跟大家讲过，一个人不管采取什么样的记忆存储模式，首先是通过五大感官来接收外界的信息，为什么同样的信息接收渠道，有些人记得快，有些人记得慢，更有甚者一点都记不住呢？那是因为每个人对五大感官的利用程度不一样。五大感官中，首先是视觉，每个人都是不断通过自己的双眼来接收外界的图像信息，比如接收电影、电视等视像是很典型的例子。其次是听觉，靠耳朵来学习吸收知识，比如上课或者听报告，还有就是大声朗读资料等都会对大脑产生听觉上的刺激，并方便大脑将各种信息联系在一起。再就是所谓的触觉，人体时刻在感知身边环境给自己带来的影响，比如空气污染严重，那只需要闻一闻就能感知得到，还有如果参加某种户外活动，只要实际参与了，也是一种集中式的触觉刺激。最后就是味觉和嗅觉了，比如去餐厅吃饭，饭菜的香味首先会刺激嗅觉，嗅觉就会引领大脑发出行动命令。吃在嘴里，感受到酸甜苦辣，是味觉，评判一个菜品好吃还是不好吃的标准也是由个人的味觉制订的。

绘制完思维导图，如果要熟练地记住绘制过程，就必须采取链式串联法（链式串联法如何运用请看《超级记忆力训练法》（畅销升级版）这本书，里面有详细操作步骤）调动五大感官，把思维导图每一个主干所延展到枝干上的所有信息组合在一起，形成一个有效的链式记忆整体，当然有些时候还需要对分支上的关键词进行一系列转换，比如字面展开、谐音等。现在我们就来进行五大感官的训练吧！

闭上眼睛深呼吸，让自己先平静下来，接着开始想象：自己正置身大海边金色的沙滩上，席地而坐，眼前是一片蔚蓝色的大海，一群穿着漂亮比基尼的女郎，在海滩上追逐嬉戏。海浪轻柔地拍打着金黄色的沙滩，蓝蓝的天空中，白云朵朵。你从随身携带的红色旅行袋里拿出一个柠檬，这柠檬金黄色，捏起来硬硬的。你从口袋里拿出一把锋利的小刀，在柠檬上切开一道深深的口子，用力捏了捏柠檬，汁液从切口中流出，使劲将它掰成两半。将其中一半柠檬拿到鼻子面前，闻一闻柠檬的香味，汁液流在你的手上，滴在你的腿上。现在，请张开嘴，咬一口柠檬。

通过这段话，五觉感官就被迅速调动起来了，尤其是到最后"请张开嘴，咬一口柠檬"这句话的时候，相信很多人的唾液就会不由自主地分泌出来，并且感受到柠檬那酸酸的味道，这就是调动了感官的结果。我们随时随地都可以训练自己的感官，比如离开了一个地方后，就可以把在这个地方看到的、听到的、闻到的、摸到的、尝到的东西，尽可能地回忆起每一个细节，越生动、形象、仔细越好。只要坚持不断练习，五大感官就越灵敏。在应用链式串联法的时候调动的感官越多，就越容易找到学习的最佳状态，在记忆资料的时候，速度就会越快，记忆的牢固度就越高，就越能体会到学习并熟练运用思维导图带来的乐趣了。

做完上面的基础练习，下面进行事物与事物之间的关联性练习。在这里告诉大家一个寻找关联性的秘诀：在事物与事物之间有关系找关系，没有关系，强迫建立关系。在彼此强迫建立关系的时候打破常规，任意发散，只要你自己认为它们之间有关联性就可以了。现在就从最简单的练习开始，从两个事物中去找出它们之间的关联性。

例如，闹钟和照相机。

它们俩有什么关联性？如果从相同点开始寻找关联性，可以得到以下的答案：

都能发出声音；都要用到塑料；都要用到电；都需要工人组装；都要用模具；都有形状；都有数字；都有用到玻璃；都可以挂在墙上；都有螺丝钉；……

以上这些都是相同点，如果还要继续寻找的话，我们甚至可以找出上千条，前提是：你不要给自己预先设定限制，只要让自己的思维在事物与事物的相同点上自由发散就好。如果要寻找"闹钟和照相机"不同点之间的关联性的话，则可以得到以下的答案：

用途不同；使用方法不同；说明书不同；制作工艺不同；形状不同；生产商不同；发出的声音不同；颜色不同；使用的制造材料不同；……

怎么样？两个简单的事物可以找出这么多不同点，如果继续发散一下思维，还可以找出更多不同点，只要能去掉固有思维的局限——应该或者不应该、对或者不对、好或者不好等这些先入为主的观念。如果在寻找事物与事物之间的关联性时思维更加多元，还可以得到以下让人眼前一亮的答案：

闹钟上的玻璃可以用塑料片代替，而照相机的玻璃则不行；

闹钟只能静静地挂置在物体上，照相机则可以带去风景区拍照；

闹钟只能作为时间工具，照相机除了拍照之外还可以作为录像机使用；

闹钟的包装一般都比较简单，照相机的包装都比较精致和牢固；

闹钟和照相机都可以同时整合在手机上，但使用程序必须单独分开；

闹钟发出的声音很响亮，而照相机拍照时发出的声音很轻微；

闹钟的颜色相对多一些，而照相机的颜色相对单一；

……

只要启动大脑的创造力，每个人都可以发现两个看似毫不相关事物之间存在的关联性。为了让每个人的创造力更加多元，选取两个事物做关联性练习的时候千万不要去选取同一类型的物品，比如，铅笔和钢笔、文具盒和文具袋、圆珠笔和水彩笔。同一类型的事物会阻碍创造力的延展，让思维出现断点。因此，在练习的时候越是不同类型、不相关的物品对我们的训练越有帮助。例如，黑板和矿泉水瓶、汽车和房子、游泳池和洗衣机、学校和手机……

现在，请你做关联性练习，每组写出至少20个。

1.汽车和轮船

2.房子和汉堡

3.羽绒服和兰花

4.书本和喜鹊

　　当两个事物的关联性练习熟练过后，就应该进行三个、四个、五个以及更多事物关联性的进阶练习了。在做三个以上事物关联性练习的时候，我们则可以利用转结、跳跃两个小技巧，来打破"没有标准答案"的思维魔咒。在学习和工作中，太多的人每天都在寻求"标准答案"，但很多人一辈子都没有寻求到。其实，在工作和学习中所寻求到的"标准答案"就是一种个人认为"最好或者最适合"的关联性答案。这些关联性答案就是运用转结、跳跃这些技巧来实现的。现在我们就通过"萝卜、玫瑰、洗衣机"这个例子来学习这两个技巧吧。

### 1.转接

　　一种不在同一层面上的纵向发散，提升了寻找关联性的宽度。例子中的"萝卜、玫瑰、洗衣机"本来就不是同一个类型的事物，如果我们不采用转接的方式，最多想出两三个答案就已经很不错了。而采用转接的方式就不一样了，例如，萝卜长在地里，玫瑰种在地里，洗衣机可以丢弃在地里。这就是用"土地"来转接一下，三个不在同一层面的物品就关联上了。当然我们还可以这样：

　　萝卜被园丁拔掉了，玫瑰的枝叶正在被园丁修剪，洗衣机正在清洗园丁的衣服；

　　萝卜是白色，玫瑰花是红色，洗衣机是白色；

　　萝卜是小孩子的零食，玫瑰花被小孩子摘了，洗衣机正在清洗小孩子的衣服；

　　……

2.跳跃

一种天马行空的想象，不受逻辑的限制，只要你认为合适就好。苏联心理学家戈洛万和斯塔林做的实验表明，任何两个概念都可以经过四五个阶段建立联想。根据这一理论——"有联系找联系，没有联系强迫发生联系"，就可以对"萝卜、玫瑰、洗衣机"进行大胆关联：萝卜、玫瑰、洗衣机都可以长出翅膀，在天空中自由地翱翔。你还可以这样大胆地创造关联：

萝卜、玫瑰、洗衣机都同时迈开大腿在高速公路上赛跑；

萝卜、玫瑰、洗衣机都抱着自己的孩子一起愉快地玩耍；

萝卜、玫瑰、洗衣机都扛着照相机在给自己自拍；

萝卜、玫瑰、洗衣机一起在舞台上随着音乐的节奏跳舞；

萝卜、玫瑰、洗衣机都戴着帽子，在雪地里滑雪。

……

CHAPTER 3

第三章
画出你的第一幅导图

# MIND MAP

## 第一节
## 思维导图绘制规则

通过前面章节的练习，现在开始我们的思维导图绘制之旅吧！

通过这段旅程，你可以在最短的时间里面学会绘制思维导图。想要让自己成为思维导图的绘制高手，就必须熟练掌握思维导图的绘制规则。这些规则不是要限制思维，而是帮助我们更快地提升记忆力、思维能力和创造力。

规则一：一定要绘制中心图。思维导图的中心图就是主题，也是整幅思维导图的核心。一张思维导图最先动笔的部分就是中心图。绘制中心图的时候最好用3种或3种以上颜色画出来（图1：我的梦想）。如果实在画不了中心图，也可以直接写出主题文字作为中心图，但写的时候，字体的色彩应该多样，写完后还可以在字的周围用一些小图标点缀一下（图2：时间管理）。中心图是绘制思维导图的第一步，也是最关键的一步。同时，一幅思维导图只能绘制一个中心图，其他的分支都必须围绕这个中心图像展开。

图1

图2

　　**规则二**：掌握思维导图的分支绘制结构和阅读顺序。绘制思维导图分支的基本顺序是，中心图衍生出的第一个分支从时钟钟面1~2点这个范围内的任一位置开始，其他分支顺时针方向绘制。因为思维导图的分支是呈放射状的结构，采取这个顺序绘制思维导图可以让整幅思维导图的布局更加合理。同时在阅读自己或者别人的思维导图时，按照顺时针方向阅读也会让眼睛感觉舒服自然。

　　**规则三：运用曲线。**使用曲线是思维导图绘制时的关键要点之一。为什么要用曲线呢？如果你看过人类大脑的图片，就会知道，人类的大脑细胞之间的链接也是曲线，因此曲线构成的思维导图更适合大脑的思维模式。运用粗细合理的曲线让中心图和各分支主题及主次顺序等有效联结起来，其实是反映了大脑由近及远的联想本能，在记忆的时候也更容易让大脑接受。尤其要强调的是，运用的曲线线条必须平滑，不能粗糙有毛边或者左弯一下右拐一下，各上级分支与下级分支联结的曲线之间要连上，不能断开。

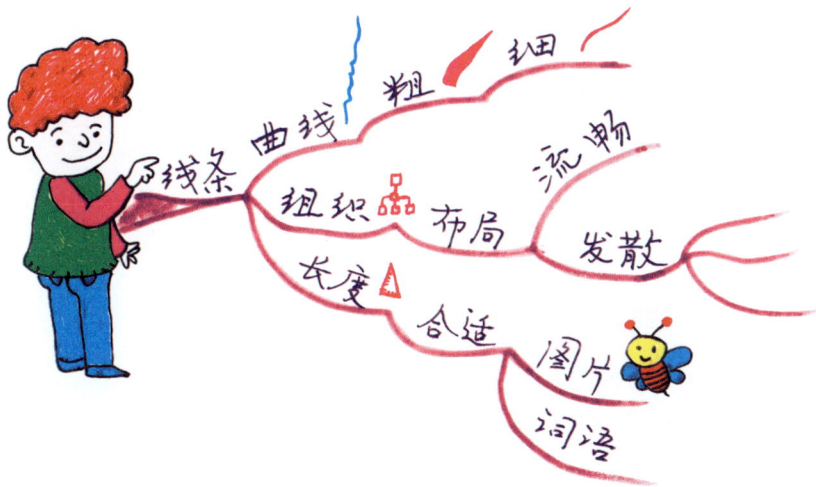

　　**规则四：关键词。**每条曲线上只写一个关键词。在思维导图中，每个关键词都可以触发无限的联想，由中心图发散出去的独立曲线分支就像一棵棵茁壮成长的大树。关键词就是这些大树的主要枝杈，不断繁育出与它相关的、相互联系的一系列次级枝杈。为了让这些枝杈有效地联结起来，就必须确保每一个关键词都在曲线上面，就像是把关键词包起来一样，形成一个整体，这样能有效避免思维出现混乱，保证以树状结构为主、网状结构为辅的发散结构，让思维系统化。

　　**规则五：运用图片**。由于在思维导图绘制的过程中，会把大量的资料和信息进行压缩，这些压缩后的资料有可能无法在思维导图上呈现出来，这时运用图像来呈现的话就会容易很多。同时，由于资料内容和图像产生高度的关联，不仅可以发挥出我们的创造性，还可以提高记忆力。运用图像时不需要你有多么高深的绘画功底，只需要根据我们前面讲的绘画技巧，熟练运用三角形、圆形和方形这三个基本形就可以了。通过这三个基本形和想象力，就足以绘画出各种简笔画、代码，甚至是三维立体的图形。这里需要注意的一点就是，所使用的各种简笔画图片、代码及三维立体的图形一定要和关键词内容紧密联系，这样才能有效刺激大脑，提醒大脑引起注意，通过图像让大脑联想到要表达的关键信息，只有做到这样，才真正发挥出了图像的功效。

规则六：颜色。在手绘思维导图的过程中，分支以及帮助提升记忆效果的图像都要搭配适当的颜色。在搭配颜色的时候千万要注意：从中心图发散出的每一个主干运用的是什么颜色，由此主干发散出去的分支一直到最后就必须采用什么颜色，也就是每个主干到余下枝干都是同一种颜色，很多人因此把这个规则叫作"一色到底"。

一色到底只针对线条，如果是绘制关键词旁边帮助记忆的各种图片，就要根据图片本来的颜色加以绘制了。这样搭配色彩丰富的思维导图不但会看起来有美感，还会让导图变得更加生动活泼，提高我们回顾、复习的记忆效果，激发出使用思维导图的兴趣。如果只用单一的颜色，不但提不起学习的兴趣，还非常容易引发视觉疲劳。比如，很多人只要拿起一本全部是黑色字体的书看，过不了多久就呼呼大睡了。色彩丰富的书会带来美感，会带给我们愉悦的心情，故此，现在很多学生用的书本就再也不是全黑字了，而是采用了多种颜色、多种字体交替呈现，给学生带来不同的视觉感官刺激，激发出学生浓厚的学习兴趣。在思维导图绘制的过程中，千万不要为了满足色彩丰富这个规则，而不顾主题和分支的结构，胡乱上色，这也不可取。

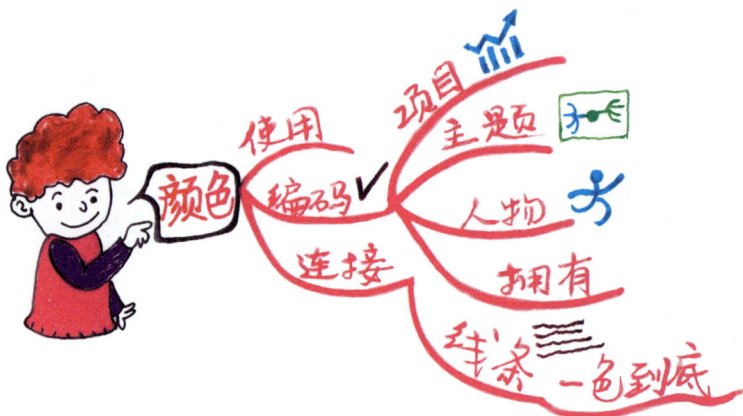

以上这些规则，没有先后顺序之分，但你必须熟练掌握。这些看似简单的规则可以让你在学习思维导图的时候少走弯路，节省大量的时间。按照以上的规则进行思维导图的创作，更容易建立良好的思维模式，使大脑不断激发出新的创意联结，发挥出思维导图这一先进思考和学习工具最大的功效。

# MIND MAP

## 第二节
## 思维导图绘制步骤

通过前面章节的学习，我们知道了大脑的工作原理，掌握了提高记忆的方式方法，也了解了思维导图的起源和绘制规则，这些都是学习绘制思维导图之前的必修课。现在，只需要你行动起来，拿起手中的笔，不要想太多，找到学习的原点，跟随着我所讲解的步骤，一步步完成属于你自己的第一幅思维导图。当你完成这幅思维导图后，你将会发现，思维导图真的就跟它标榜宣称的那样——人人都能学会！

绘制思维导图第一步：做准备。

要想完成一幅优秀的思维导图，准备工作相当重要，正如古人所说："凡事预则立，不预则废。"

第一个要准备的是"自己的大脑"。在整个思维导图的绘制过程中，要充分挖掘大脑思维的"想象"与"联想"的特点，利用视觉、听觉、嗅觉、味觉、触觉这五大感官把脑外世界感知到的一切输入脑内世界，将各种零散的智慧、资源等融会贯通成为一个系统，然后输送到脑外世界并呈现在纸张上，形成属于自己的思维导图。在这一过程中，想象力的作用非常重要，它让大脑不受任何约束，围绕中心主题内容进行思考，并及时闪现出需要的灵感，激发创造力和记忆潜能。很多上课的学员一听到这里，几乎异口同声提出一个问题："想象力？我现在都没有想象力了！"如果你也跟他们一样觉得自己缺乏想象力，那就把书翻回到前面的联想能力训练的章节，每天花10分钟的时间照着所讲述的方法着重训练一下，用不了多久，丰富的想象力就会呈现在你所绘制的思维导图上。

**第二个要准备的是纸张。**绘制思维导图一定要使用没有任何线条的、无褶皱和污渍的完全空白的纸张，A4及A3大小的纸最合适。任何有线条的纸张都会让大脑思维回归到线性思维的框架中，限制思维的发散。如果纸张上有小图标，不管是多是少，都是绘制思维导图的一大禁忌。这些小图标很容易和你绘制的图像相互混淆，让我们在回顾和复习思维导图的时候陷入思维混乱状态。完全空白的纸张可以让注意力聚焦在思考的源头，让思考不受任何限制地向四面八方拓展，为思维导图提供足够的空间和自由来记录各种细节。大多数情况下，为了便于携带和保存，采用A4的白纸绘制思维导图是最佳的选择。不管采用A3还是A4的空白纸张，一定要注意布局，保持整张思维导图的观赏性和分支结构的对称。

第三个要准备的是铅笔一支、橡皮擦一个以及12色水彩笔或者马克笔一套。对于大多数初学者来讲，一开始就用有颜色的水笔或者马克笔直接在白纸上绘制导图各个主、支干，难度太大，一不小心，在内容组织以及布局的时候很容易出现差错，甚至会添加新的灵感，这时想修改内容就是个大麻烦。直接在思维导图上又涂又改，既影响思维导图的美观度，又会让自己在以后的复习与回顾的时候容易造成记忆混乱，导致记忆的精准度下降。不修改，又影响思维的完整性和整张思维导图的连贯性，最后只好重新拿一张白纸从头开始绘制，浪费了大量的时间，如果反复这样几次，就会让人丧失学习使用思维导图的信心，最后彻底放弃学习思维导图。对初学者建议是：刚开始学习绘制导图一定先用铅笔绘制出思维导图的草图，方便随时修改和增加新的创意，等完全组织好这幅思维导图的布局后，再用水彩笔绘制好导图主、支干，这样既节约了时间，又保持了整幅思维导图的美观度。

第四个要准备的是至少8种不同颜色的中性水笔各一支。在做思维导图的时候，不同颜色的中性水笔用来书写各个主干分支上的关键词和画一些图形，这样呈现出来的效果会非常醒目，易于被大脑注意和吸收，对思维导图的记忆和复习有非常大的帮助。

以上这些是绘制思维导图时必须要准备的材料。准备好这些材料以后，你将会发现自己突然有了一种跃跃欲试的冲动。这种冲动将会带领你走进一个全新的思维模式，培养自己的优势思维，迈入一个全新的思维世界。

**绘制思维导图第二步：画主题。**

准备好绘制导图所需的材料后，首先拿出一张白纸，把纸张水平摆放在自己的面前，从白纸的中央开始，画上一个彩色的图像来代表这幅思维导图的唯一主题，这是"画主题"这个步骤中最关键的一点。因为你无论选择什么样的主题，必须把这个主题换成图像。转换图像的过程可以最大程度地发挥右脑潜能，提高记忆的能力。永远不要担心自己不会画图，一个最简单的画图技巧就可以让中心图变得非常漂亮。比如，你实在是想不出如何绘制主题图像，你就画上一个O形圈，再在这个圆圈的周围加上简单的几笔画，一个简笔画的太阳图片就呈现出来了（如图1：太阳姑娘）。如果中心图是文字的话，你还可以考虑把文字图像化，最笨的方法就是先写上主题，然后再在主题的周围加上一些简单随意的形状（如图2：创造记忆天才）。唯一的要求是这些形状最好夸张点，视觉效果强烈点，要能给你留下深刻印象。只要你愿意尝试，就千万别小看自己的创造力和想象力，因为我们每天都生活在一个生机盎然的图画世界里面，画图是每个人与生俱来的本能。

图1　　　　　　　　　　　　　　　　图2

现在，我们就以一个例子来学习思维导图主题的画法。假设现在要以"提高情商的途径"为主题画一幅思维导图，首先我们在一张白纸的中间画上中心图。中心图可以根据主题画出适合的图画（如下图），当然你也可以用前面所讲的"O形圈"简笔画技法，画好后配上色彩就好。

绘制思维导图第三步：画主干。

中心主题画好了之后，就可以开始画联结中心主题向外辐射出去的主干了。主干是由中心主题衍生出来的第一层线条，必须要保持一个非常重要的原则，即中心图辐射出来的主干分支要由粗到细，就像树枝向上生长变细一样，同时分支要有发散感。此外，主干的布局要均匀分布，这样整幅图在绘制完成后看起来才会平衡、有美感。尤其是主干的长度要略大于关键词的长度，就好像把文字包起来一样，必要时还可以用框框把关键字包围起来。在第二步中，我们已经确立了中心主题为"提高情商的途径"，由此就根据自己的情况发散出四个主干，分别是优点、幽默、读书、交友。由于这四个关键词是由中心主题直接发散出来的，所以，也可以称它们为"一级关键词"，那主干也可以称为"一级分支"。把这四个一级关键词在主干上表现出来就如下图：

**绘制思维导图第四步：画枝干。**

画好主干内容后，我们接下来要做的就是将一级分支继续往下拓展，形成第二级分支或者更深一层的分支。让我们先从"提高情商的途径"的第一个主干"优点"开始下一步的拓展，比如自信、坚强、立足当下、目标明确都可以。第二个主干"幽默"可以从增加和减少两个方面来拓展。第三个主干"读书"，书中自有颜如玉，书中自有黄金屋，可以读一些名人传记、励志、心理学、哲学等书籍。第四个主干"交友"，扩大自己的朋友圈，多参加聚会、舞会以及活动，多跟人互动、交流、学习等。理清楚这些分支关键词，在思维导图的枝干上这样表现出来就可以了。

**绘制思维导图第五步：绘插图。**

分支内容都画好之后，我们需要把思维导图中必不可少的一个部分添加上去，如果少掉这个步骤，就没有什么可以来提醒大脑的注意了。前面我们已经讲了如何运用技巧来绘制图像，现在这个步骤就是我们如何把这些关键词转换成图像了。由于每个人经历、生活方式和习惯都不同，思维模式也就会完全不同，因此每个人把关键词转化成图像的方式也会不一样。在绘制插图的这个环节里面，最重要的就是结合关键词发挥出你的想象力。只要相信

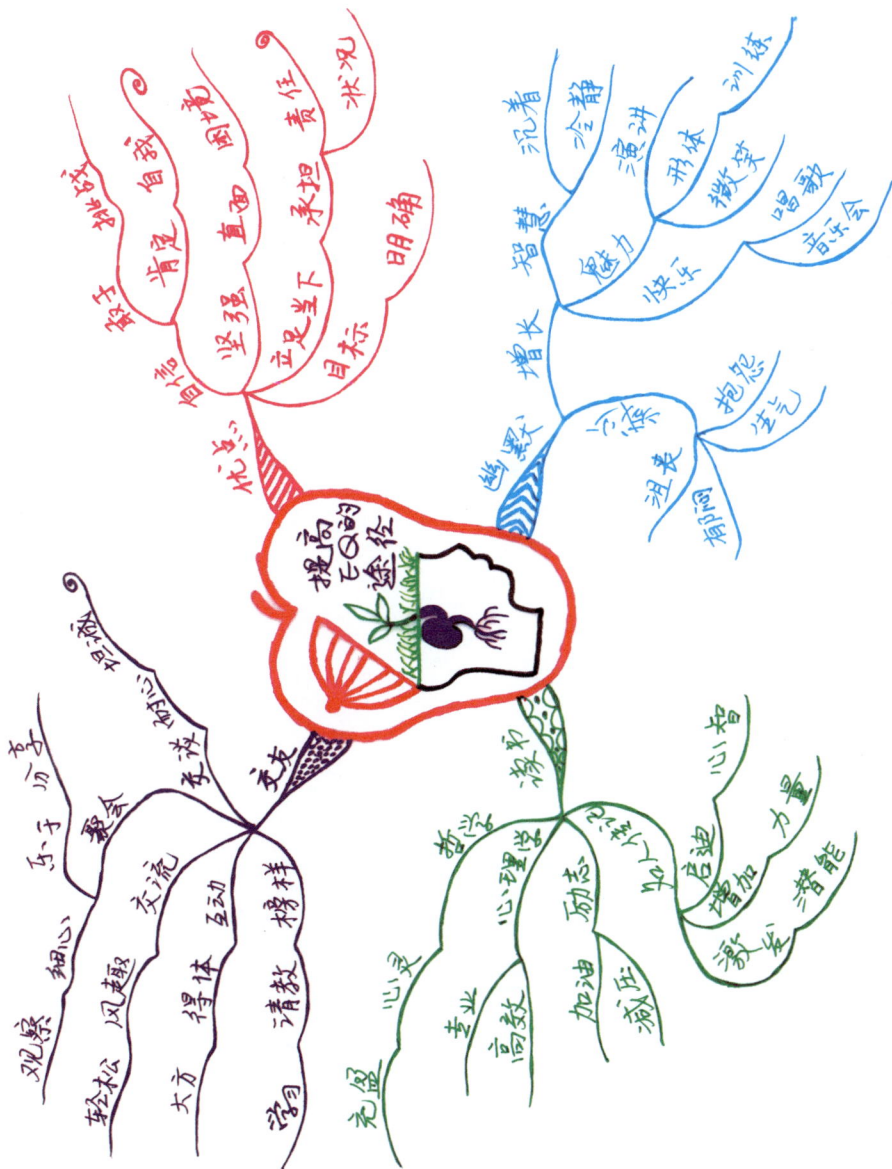

提高EQ的途径

自己的大脑，你一定可以绘制出自己认为合适的插图。当然，也并不是所有的关键词都需要用图像表示出来，结合我们刚才绘制的思维导图，第一个主干上的关键词"优点"就可以用一个"笑脸"的图像，"幽默"就画一个小丑，"读书"就画一本书，"交友"可以画两个手牵手的人。根据自己的理解和记忆习惯把剩下的这些主干和分支上的这些关键词加上一些插图，思维导图就变得非常生动了，图见下页。

现在，一幅完整的思维导图就绘制完成了，看到这幅色彩鲜艳的思维导图，你是不是有一种特殊的感觉？这种新的学习方法是不是很快就让你进入了一个全新的学习状态？对于初学者来说，要熟练运用思维导图，必须要按照这五个步骤的先后顺序一步一步进行练习，千万不要急于求成，否则的话，会给自己带来一些不必要的困扰。当然，如果你充分掌握了前面所讲的思维导图的绘制规则，再按照这个章节中所学习的绘制步骤勤加练习，并乐于跟别人分享你的思维导图的话，相信用不了多久，你就会成为思维导图的绘制和应用高手了。

提高EQ的途径

# MIND MAP

## 第三节
## 发现关键词的秘诀

经过前面的学习，我们已经能够完整绘制出一幅思维导图了，但这还不够，因为还需要强化一个最关键的核心要点——关键词。关键词就像开门的钥匙，在绘制思维导图的时候，将适合自己思维和记忆方式的关键词在纸上呈现出来，这是非常重要的能力。

在教学中，很多的学员在进行关键词发散训练的时候都显得非常苦恼，这是思维导图训练中必须经历的一个过程。因为在进行关键词发散训练的过程中，由于思维的固化，所发散出来的关键词常常只在自己所熟悉的范围里面循环，到最后进行归纳整理时，真正能用的关键词却所剩无几。出现这种情况，不但要进行联想开花和联想接龙这两个训练，还得学会以下两种寻找关键词的方法，并在一些文章资料上加以实践。经过一段时间的练习后，你就可以迅速地找出绘制思维导图时所需要的核心关键词了。在采用关键词的时候，必须掌握一个关键要领——20/80法则，也有人把它称作"马特莱法则"。

什么是20/80法则呢？它是19世纪末20世纪初的意大利经济学家和社会

学家维弗烈度·帕累托提出的。他通过对群体的长期研究发现：在任何特定群体中，重要的因子通常只占少数，而不重要的因子则占多数，只要能控制具有重要性的少数因子即能控制全局。换句话来说，在特定群体中会出现一个典型的情况：80%的价值来自20%的因子，其他80%的因子只带来20%的价值。根据这一理论，在思维导图的关键词运用时，可以把先前归纳整理出来的关键词进一步浓缩，去掉那些不太重要的甚至是可有可无的80%，让剩余20%的精华发挥出最大的价值。经过进一步归纳整理后，剩余的20%核心关键词就是开门关门的精准钥匙了，利用好这些钥匙，就可以轻松开启思维导图的运用之门。在绘制思维导图的时候，利用核心精华关键词，帮助我们完整掌握文章及资料的核心内容，并轻松完成整个思维导图的整体记忆，在需要的时候完整复述出来。现在，就运用下面的方法去找关键词吧。

第一种方法：找出句子或者段落中的名词、动词、抽象词语以及专门用语等特殊词汇。

首先来说说名词。选择名词作为关键词，最大的好处就是一听到这个词语，大脑中就立刻出现一个立体鲜明的形象，在记忆的时候立刻变得轻松容易。例如，一旦有人在我们面前说出"游泳"这两个字，大脑就会立刻闪现出游泳的场景、动作以及浪花四溅的情景。如果有人一提起"闹钟"，我相信每个人的大脑里都会出现各种各样形状的闹钟，或者耳边就会响起闹钟叮叮铃铃的声音。因此，用名词作为思维导图的关键词就不会产生错误的认知，更厉害的是可以协助大脑记忆好绘制出来的思维导图内容。现在就通过下面的举例，试着找出这些段落中的名词来作为关键词，为了让大家更容易进入学习的状态，我们从相对容易的文章开始，慢慢过渡到比较深奥的文章。

第一个练习选择了一篇简单的文章《颐和园》的一个段落来练习，请你根据寻找名词关键词的方式，用红色的水笔圈出你认为合适的名词关键词：

走完长廊，就来到了万寿山脚下。抬头一看，一座八角宝塔形的三层建筑耸立在半山腰上，黄色的琉璃瓦闪闪发光。那就是佛香阁。下面的一排排金碧辉煌的宫殿，就是排云殿。

登上万寿山，站在佛香阁的前面向下望，颐和园的景色大半收在眼底。葱郁的树丛，掩映着黄的绿的琉璃瓦屋顶和朱红的宫墙。正前面，昆明湖静得像一面镜子，绿得像一块碧玉。游船、画舫在湖面慢慢地滑过，几乎不留一点儿痕迹。向东远眺，隐隐约约可以望见几座古老的城楼和城里的白塔。

从万寿山下来，就是昆明湖。昆明湖围着长长的堤岸，堤上有好几座式样不同的石桥，两岸栽着数不清的倒垂的杨柳。湖中心有个小岛，远远望去，岛上一片葱绿，树丛中露出宫殿的一角。游人走过长长的石桥，就可以去小岛上玩。这座石桥有十七个桥洞，叫十七孔桥；桥栏杆上有上百根石柱，柱子上都雕刻着小狮子。这么多的狮子，姿态不一，没有哪两只是相同的。

做完上面的练习，是不是觉得找出这些名词非常容易呢？从简单的练习开始学习，感受每一天的进步吧。现在，再来试试著名作家巴金先生写的《鸟的天堂》的片段，请你认真读完，然后找出你认为合适的名词关键词，并在关键词的下面标注上横线。

当我说许多株榕树的时候，朋友们马上纠正我的错误。一个朋友说那只有一株榕树，另一个朋友说是两株。我见过不少榕树，这样大的还是第一次看见。

我们的船渐渐逼近榕树了。我有机会看清它的真面目，真是一株大树，枝干的数目不可计数。枝上又生根，有许多根直垂到地上，伸进泥土里。一部分树枝垂到水面。从远处看，就像一株大树卧在水面上。

榕树正在茂盛的时期，好像把它的全部生命力展示给我们看。那么多的绿叶，一簇堆在另一簇上面，不留一点缝隙。那翠绿的颜色，明亮地照耀着我们的眼睛，似乎每一片绿叶上都有一个新的生命在颤动。这美丽的南国的树！

船在树下泊了片刻。岸上很湿，我们没有上去。朋友说这里是"鸟的天堂"，有许多鸟在这树上做巢，农民不许人去捉它们。我仿佛听见几只鸟扑翅的声音，等我注意去看，却不见一只鸟的影儿。只有无数的树根立在地上，像许多根木桩。土地是湿的，大概涨潮的时候河水会冲上岸去。"鸟的天堂"里没有一只鸟，我不禁这样想。于是船开了。一个朋友拨着桨，船缓缓地移向河中心。

做完这个练习后，就可以说说如何运用动词来作为关键词了。动词跟名词不一样，选择名词作为关键词虽然有鲜明的图像，但这个图像有时候显得有点呆板，不够活泼。比如，一提到"运动鞋"这个名词时，大多数人的脑海中就会想到自己家里的鞋柜里放置的那双运动鞋。鞋柜里面的鞋是静止不动的，所以缺少动态的美感，而动词恰恰可以运用一种动态的情景弥补名词的这个小小的不足之处。例如，一听到"跑"这个词，我们的大脑就会努力搜索出一个动态的场景，这个场景能迅速聚焦注意力，引起注意，在绘制和记忆思维导图内容的时候，更加轻松和容易。现在我们就来找出下面这段选自《董存瑞》中的一个基本段落中的动词。为了方便大家做个对比，在此我把自己认为的动词关键词加粗了：

董存瑞**挟**起炸药包，弯着腰**冲**了出去。在郅顺义的火力掩护下，他一会儿**匍匐**前进，一会儿又借着郅顺义扔出的手榴弹的烟雾，站起来一阵**猛跑**。桥型暗堡里，国民党军的机枪越打越紧，子弹带着尖利的啸声，从他的耳边**掠过**。在快要**冲进**开阔地时，郅顺义指着前面的一个小土堆，对董存瑞说："你就在这儿掩护！"一阵手榴弹把敌人碉堡前的鹿砦、铁丝网炸坏了。国民党军的机枪又慌忙朝他打过来，突然，董存瑞**扑倒**了，郅顺义站起刚要向前冲去，只见他猛然**爬**起来，一阵快跑**跳进**旱河沟里，进入了国民党军的火力死角。

而这时，他的腿受了伤，鲜血直流。他抱着炸药包迅速**猛冲**到桥下。这桥离地面有一人多高，两旁是砖石砌的，没沟、没棱，哪儿也没有安放炸药包的地方。如果把炸药包**放在**河床上，又炸不着暗堡，河床上又找不到任何东西代替火药支架。怎么办？郅顺义清清楚楚看着这一切，急得**直攥**拳头。突然，身后**响起**了嘹亮的冲锋号声，进攻的时间到了。

董存瑞**抬头**看了看桥顶，又看了看身后一个个**倒下**的战友，愣了一下，突然，身子向左一靠，站在桥中央，左手**托起**了炸药包，使其紧紧地贴着桥底，右手**拉燃**了导火索，郅顺义看到后，**纵身一跳**，朝桥下的战友奔去，董存瑞看见了，厉声**喝道**："卧倒！卧倒！快趴下！！"随着天崩地裂的一声巨响，敌人的暗堡被炸毁，董存瑞用自己的生命为部队开辟了前进道路。


现在该你进行尝试了，请找出下面这两段文字的动词关键词，并在关键词的下面画上横线。


练习一：

黄继光带上两个战士，拿了手雷，喊了一声"让祖国人民听我们胜利的消息吧"，向敌人的火力点爬去。

敌人发现他们了。无数照明弹升上天空，黑夜变成了白天。炮弹在他们周围爆炸。他们冒着浓烟，冒着烈火，匍匐前进。一个战士牺牲了，另一个战士也负伤了。摧毁火力点的重任落在了黄继光一个人的肩上。

火力点里的敌人把机枪对准黄继光，子弹像冰雹一样射过来。黄继光肩上腿上都负了伤。他用尽全身的力气，更加顽强地向前爬，还有20米，10米……近了，更近了。

啊！黄继光突然站起来了！在暴风雨一样的子弹中站起来了！他举起右臂，手雷在探照灯的光亮中闪闪发光。

轰！敌人的火力点塌了半边，黄继光晕倒了。战士们赶紧冲上去，不料才冲到半路，敌人的机枪又叫起来，战士们被压在山坡上。

天快亮了，规定的时间马上到了。指导员正在着急，只见黄继光又站起来了！他张开双臂，向喷射着火舌的火力点猛扑上去，用自己的胸膛堵住了敌人的枪口。

"冲啊！为黄继光报仇！"喊声惊天动地。战士们像海涛一样向上冲，占领了597.9高地，消灭了阵地上的全部敌人！

练习二：

电脑日常工作维护：1.不要大力敲击回车键；　2.不要在键盘上面吃零食，喝饮料；　3.用完光碟以后，一定要从光驱里取出；　4.开机和关机之间最少停10秒；　5.为了更好地散热，一定要把机箱两边的侧板盖上，否则机箱内会失去对流；　6.不要用手摸屏幕；　7.墙纸要定期更换，主要是为了保护显示器；　8.显示器上不能有任何覆盖物；　9.千万不要拿电脑主机来垫脚；　10.一定不要让计算机与空调、电视机等家用电器使用同一组电源插座。

接着我们来说说抽象词语作为关键词。在讲这个的时候我先请大家来看看下面这四组词语：

第一组：1.利益 2.不自由 3.邪恶 4.福气 5.获取 6.创造 7.专利权 8.奇特
第二组：1.担任 2.可知 3.价值 4.研究 5.压力 6.信任 7.对于 8.汉族
第三组：1.太平 2.发展 3.方案 4.矛盾 5.机会 6.载体 7.材料 8.奥秘
第四组：1.社会 2.政策 3.组合 4.谈判 5.运气 6.成功 7.锻炼 8.指挥

以上这样的材料，我们在平时的工作及学习中经常会遇到。为什么这样讲？因为在我们学习和工作当中所遇到的资料，有80%的词汇都是和上面四组例子一样的，甚至有全部是抽象词语组合起来的抽象句子，例如：

　　团队精神是一个集体成功的重要保证；

　　养成按规矩办事的行为习惯；

　　学会必要的让步和道歉；

　　正确评估的能力；

　　培养高尚的志趣；

　　积极情绪有益于心理健康；

　　科学地认识社会主义社会的特点；

　　社会和谐发展需要正义；

　　维护集体利益和荣誉；

　　关心和参与公共事务。

　　看到上面的这10个句子，如果让你迅速记忆的话，是不是感觉到非常困难。假设在绘制思维导图的时候，上面这样抽象的词语正好全部是你选择出的各个分支关键词，如果按照自己的理解、思考、推理、找规律和联系等方式来记忆的话，不但浪费时间，还容易造成记忆疲劳。在思维导图中解决这个问题非常简单，只要把这些抽象的词语转换成自己生活及工作中熟悉的人事地物并配上小图标，记忆就变得非常简单了。

　　现在，运用我们前面所讲授的绘画技巧，将下列内容中的代表物画出来。

　　1.研究——你绘画的图像是：


　　2.压力——你绘画的图像是：

3.供给——你绘画的图像是：

4.对于——你绘画的图像是：

5.汉族——你绘画的图像是：

参考图像：

最后再来说说专门用语及特殊词汇。专门用语是指专门设定在某一个特定的行业或者情景里才能使用的词语，因为不适用于其他的场景或者领域，因此一旦设定了，几乎就是无法更改的。举例，在学习计算机编程的时候，我们常常会听到老师脱口而出的一些如"内存""BIOS""CPU"等词语，这些都是专门用语。选择专门用语作为关键词，需要我们对这个行业有一点了解，否则要在文章或者资料中分辨出专门用语可不是那么容易的事情。例如下面的例子：

开机无显示：由于内存条与插槽接触不良，只要用橡皮擦来回擦拭其金手指部位即可解决问题（不要用酒精等清洗），还有就是内存损坏或主板内存槽有问题也会造成此类故障，再有就是主板BIOS乱了，恢复BIOS设置可以解决，再就是主板或电源、CPU、显卡等硬件损坏导致开机无显示。由于内存条原因造成开机无显示故障，主机扬声器一般都会长时间蜂鸣（针对Award Bios而言）。

看到上面的这段话，如果你对计算机的编程语言一点都不了解的话，我相信你是很难清楚地理解上面这段话所表达的真正意思。如果上面这段资料需要绘制思维导图的话，就得找出这些句子中的专门用词及特殊词汇才行，否则你绘制出来的思维导图，效果会大打折扣。现在，找出下面这段关于计算机故障排除处理资料中的专门用词及特殊词汇关键词吧。

计算机故障处理：

（一）宽带错误的提示代码

1.错误代码718、619、691：属于账号密码问题。 A.用户输入账号、密码时输错，让用户重新输入。 B.账号到期，可去"IP综合系统"中查询账号是否到期。 C.账号卡在网上：一般是用户下网时不断开网络连接或异常掉线所导致，可以让用户将猫和电脑的电源关闭10分钟以上再进行连接，一般可以解决。 D.账号被偷：与互联网项目部进行联系解决。

2.错误代码676：属于机房设备问题，可让用户连续多拨几次即可登录。

3.错误代码769：此类错误原因是本地连接被用户禁用或者停用，主要出现在以太网猫的用户中，属于用户下网时错误断开网卡连接，造成网卡禁用，在"本地连接"中启用网卡即可。

4.错误代码678：可能是电脑和猫之间的网线没插好。网卡坏，网卡没驱动，猫假死机（把猫关了，停几分钟再开），猫坏，外线坏。

这段文字当中，专门用语及特殊词汇就非常得多，当然，由于每个人对文字的敏感性及生活、学习、工作环境不一样，对同一段文字也会有不同的见解，因此找出的专门用语及特殊词汇也不会完全相同，但前提是你所找出来的关键词一定是我们刚刚所谈论到的专门用语及特殊词汇。

第二个方法：归纳整理关键句。

归纳整理关键句是关键词法进阶运用的重要方法之一，这种方法可以在绘制思维导图的时候从大量复杂的文字堆砌中迅速找出自己想要学习运用的重点知识。例如，需要对一本书或者是一场讲座做思维导图笔记，如果不采用归纳整理关键句这一方法的话，就必须把书中大量的线性文字和讲座的讲义内容几乎一字不差地通通塞进大脑里，如此大量的线性文字不但会阻碍和降低大脑的工作效率，而且还会很容易让人在复述这本书的内容及讲义的时候失去逻辑脉络，那效果肯定是差强人意了。如果长时间采用这种线性的死记硬背方式，大多数人就会渐渐失去学习的兴趣。

在绘制思维导图的时候，运用归纳整理后的关键句，看似只记住了零零散散的几个字或者几个词，甚至只是几个关键字组成的短句，却可以通过归纳整理好的关键字进行内容的扩展还原，从而运用导图的脉络把文章或者资料的内容轻松回忆出来。这其实就是采用了归纳整理关键字的方式，把大篇幅的文字资料进行压缩整理，形成一个个可以辐射四周内容的关键词或者关键句，在绘制思维导图的时候，再配上适合这些关键词或者关键句的图画，就可以轻松地把一本书或者是一场讲座的内容完整记忆，记忆的效果也会更加持久和牢固。

现在，我们就从简单的句子开始练习，然后再过渡到文章的段落。看看下面的例子吧：

1.春天迈着轻快的脚步飞快地向我们跑来了。

关键句：春天跑来了。

2.太阳是个害羞的小姑娘，在乌云里遮遮掩掩，躲躲藏藏。

关键句：太阳躲藏在乌云里。

3.一群群海鸥在大海上欢快地来回盘旋飞翔。

关键句：海鸥在飞翔。

4.春天就像健壮的青年，充满朝气；春天就像健康的老人，令人回味。

关键句：春天像青年和老人。

5.一大群晨跑的老爷爷，喘着大气，微笑着向我们问好和点头。

关键句：老爷爷向我们点头问好。

6.我躺在黄土高原上，沐浴在黄土大地的怀抱中，让泥土的清香和暖风拂去一切郁闷和烦恼。

关键句：泥土和暖风拂去我的郁闷和烦恼。

看完上面的例子，你明白了吗？现在，请试着将下面的简单句子归纳整理关键句，不要失去原来要表达的意思：

1.狂风卷着乌云把飘浮在空中五颜六色的气球全都拍打爆炸了。

你的关键句：＿＿＿＿＿＿＿＿＿＿＿＿＿＿＿＿＿＿＿＿＿＿＿＿＿＿

2.伟大的中国共产党带领着中国各族人民走在幸福的康庄大道上。

你的关键句：＿＿＿＿＿＿＿＿＿＿＿＿＿＿＿＿＿＿＿＿＿＿＿＿＿＿

3.生命有时是"驿外断桥边，寂寞开无主"的无奈，但更是"路漫漫其修远兮，吾将上下而求索"的执着。

你的关键句：_____

4.生活的海洋并不像碧波涟漪的西子湖，随着时间的流动，它时而平静如镜，时而浪花飞溅，时而巨浪冲天。

你的关键句：_____

5.生活是蜿蜒在山中的小径，坎坷不平，沟崖在侧。摔倒了，要哭就哭吧，怕什么，不必装模作样。

你的关键句：_____

6.生活给予了我们无穷无尽的困难，也在不断地开发我们的智慧。

你的关键句：_____

7.成年后每个人面前会有无数条路，只有两种选择，要么坐以待毙，要么选择一条路走下去，大多数人会选择走下去。

你的关键句：_____

8.那盎然的春色是历经严寒洗礼后的英姿，那金秋的美景是接受酷暑熔炼后的结晶。

你的关键句：_____

9.人生路上数之不尽的弯路，与弯路后未知的天地，不正是对勇士最好的馈赠？

你的关键句：_____

10.平凡的生活中，我们需要用我们的心去发现美丽。

你的关键句：_____

做完上面这些简单的短句，现在我们来增加难度，请把下面这些加长段落归纳整理出关键句：

1.喜欢深阅读的人，会喜欢在春天踏青，感受风乎舞雩的惬意；会喜欢在夏夜谈心，感受蛙声一片的欣喜；会喜欢在秋天登高，感受落木萧萧的壮美；会喜欢在雪夜神游，感受万树梨花的凉意。

你的关键句：_____

2.当我摊开掌心，无数的掌纹仿佛凌空而起，泛着萤火，交织成神秘的幻象；霎时是我魂牵梦萦的江南古镇，转瞬又融成玉龙雪山的清澈雪水，忽而一面经幡扬起庄严的图腾，最后耸立起一座孤崖。我临崖垂望。

你的关键句：_____

3.走在人生的道路上，我们不能过分地羡慕别人的一切，不能一味仿效别人的路，而要坚定自己，走出一条属于自己的道路。

你的关键句：_____

4.人们常常以为，成功多带有偶然性，殊不知，智慧女神的光芒更胜过幸运女神的眷顾。

你的关键句：_____

5.如果我是山，要让山花灿烂，山风拂面，让每一处角落都渗透梦的语言，让我的价值在太阳底下展现。

你的关键句：_____

6.历史给予我们丰富的素材，它的沉重与鲜活，它的豪放与乖张，它的执着与嬗变，都给人以启示。

你的关键句：_____

7.人应当有合适的位置并从人性本位上去体现价值，而寻找它的道路上有穷关险隘，更需要睿智的成熟，而思想正如指航明灯，使人义无反顾地奔波于理想之路。

你的关键句：_____

8.父亲呵，你是否依然执着地坐在岸边，哀怨地吹着笛子，等着儿子的归来？

你的关键句：_____

9.人正如这生活大海上的一叶扁舟，摇曳不定，又如秋风中萧瑟的黄叶，经历了生的困惑与死的彷徨，人生的航道该何去何从？

　　你的关键句：_____

　　10.没有人因为平凡而注定平庸，平凡的"雷锋"是和谐社会的螺丝钉，平凡的"焦裕禄"是两袖清风的丰碑，你和我只要找准自己的位置，平凡的岗位一样会有生命的亮色，平凡的付出一样可以汇聚成江海。

　　你的关键句：_____

# MIND MAP

## 第四节
## 消除思维导图的误区

　　思维导图作为一种有效提升学习、思考、记忆、阅读以及工作效能的高效方法和工具，涵盖了心理学、色彩学、图像学等方面内容，综合这些基础理论用可视化的图标、创意文字、图像以及颜色，呈现出每个人独特心智思维的运作过程以及最后得到结果。正是由于"可视化"这三个字，导致在学习和绘制思维导图的时候存在着几个误区。

　　第一，理解上的误区。思维导图作为一种"可视化"思维工具，直接呈现出大脑的思考内容，因此很多人也把思维导图叫作"思维地图"，还有人把它叫作"心智绘图"或者"心智图"。但这样的叫法，给很多思维导图的学习者带来了困惑：绘制思维导图就是只要把线条、颜色和图画好就可以，完全忽视了导图上呈现的内容。很多人在绘制思维导图的时候，只为了把图画得漂亮、把线条颜色搭配好，忽略了思维导图的本质和价值。思维导图的真正本质和价值是什么？答案很简单——思考的模式。

　　第二，当成绘画课。这点在很多学习思维导图的学员身上都会出现，尤其是那些没有绘画基础和绘画技巧的学员身上表现得最明显。很多人看见别人画得栩栩如生的中心图或者插画，再看看自己画的"三不像"，立马就没有自信了，接着擦掉再画，一个中心图就画了一个小时，一个分支插画画个10~20分钟，完全把思维导图学习当成了绘画课，导致自己的思维导图在课堂上无法及时完成，这样既浪费时间，又浪费精力。画不好插图，画不好中心图没有关系，你可以换一种形式来呈现（具体的呈现方式参照思维导图的绘制章节）。

第三，误认为是图文笔记。这里讲一下我的亲身经历。一次，一个朋友到办公室来谈点事情，当时我刚好读完一本书，正在绘制这本书的思维导图。这朋友一看我画的思维导图，淡淡地说了一句："哎，你这不就是个图文笔记嘛，什么思维导图，我看跟我做的笔记没有多大差别嘛。"听他说完，我没有回答，而是拿起书本，跟他说："就靠这张导图，我至少可以复述这本书80%以上的内容，现在我画完了，就可以复述出这张导图上的全部内容。"说完，我就把导图递给了他，自己把内容复述了一遍。听完后，朋友不说话了，而且还认真研究起我画的思维导图。最后我跟他讲："思维导图不是图文笔记，而是高效的思维工具，它将你的思维模式、因果关系、逻辑结构等以可视化的方式让大脑进行信息接收、记忆、分析、输出以及控制。"

以上这三点是最普遍的误区，希望大家在学习的过程中注意。

# MIND MAP

## 第五节
## 画出自己的梦想导图

　　有一段时间，在某电视台的一个综艺节目里，某位导师在节目中总是让选手说出自己的梦想：你的梦想是什么？他不断重复这句话，当时很多网友表示不解，甚至以此嘲笑他，但看到节目当中那么多的人，无法坚定地说出自己的梦想时，对此我一点都不意外。因为在我课堂中，也经常问学员：你的梦想是什么？想过 3年后你会成为什么样子吗？ 5年后想成为什么样子？ 10年后的你会是什么样子？ 20年后你的生活相对于现在有哪些改善？你的家人会因为你的成长过上什么样的生活？绝大多数学员们听完这些问题，都会陷入沉默，其中能真正详细并清晰回答这些问题的学员太少，每次在这个时候，我内心就会感到非常悲凉。

　　2018年的时候，我女儿的幼稚园开设了家长课堂专栏，在专栏里，每个家长必须要准备一个适合孩子们成长的主题，并安排好时间，每周一位家长在周三的下午去幼稚园跟孩子们分享。轮到我的时候，跟孩子们分享的主题就是说出你的梦想。在分享中，看到孩子们自信地站在台上说想要当医生、画家、宇航员、科学家、歌唱家等梦想，并可以讲出一些具体实现这些梦想的行动计划时，我激动得流出了眼泪。那次分享中孩子们自信地说出自己梦想的场景至今一直深深地印在我的脑海里。我相信这些梦想的种子只要在心中开始萌芽，在学校老师及家长的正确引导下，孩子们收获的一定是更加美好的未来。

马丁·路德·金在《我有一个梦想》的演讲中说："人因梦想而伟大，因筑梦而踏实。"而现在职场中的许多人，越来越不敢梦，越来越不敢想，也越来越不敢去追随它。一个人都不愿意给自己设定梦想，筑梦也就无从谈起，更不会感受到拥有梦想后，朝着梦想努力奔跑的美好。很多人对现状均不满意，都在寻找一个重新来过的机会，但由于没有梦想的加持，更多的可能和更好的机会都被拒之门外，很多人就此在职场上浑浑噩噩地度过了几年、十年，甚至一辈子。

回到前面，同样还是那个电视台，有另一档节目，当每一次梦想导师说出那句"让梦想照亮现实"之后，看到那些通过自己努力实现梦想的人们，我总是非常感动。那些努力让梦想得以实现的人，都是因为梦想承载着许多的希望，节目中的人如此，我们也如此。就如这个节目中有位追梦人引用马云的一句话说："梦想还是要有的，万一实现了呢。"

现在，我想问正在看这本书的你两个问题：你有梦想吗？你的梦想是什么？如果你能很明确地讲出来，那就请把自己的梦想画在自己的梦想板上。如果你还不清楚自己的梦想，现在是时候喊出自己的梦想了，喊出自己的梦想后，把它画在自己的梦想板上。

梦想板制作步骤

1.准备一个长方板。

2.把自己的梦想（包括梦想的职位、梦想的物质生活、预计的成绩、美好的生活目标以及未来的配偶标准等）列出来，作为梦想板的内容，但有一点，你所拥有的梦想不要太虚无。

3.找出或者自己画出每一个梦想的图片，粘贴在设计好的梦想板上，并在每一个梦想的旁边写上实现此梦想的日期（如：×××于×年×月×日前拥有×××）。

4.按照梦想实现时间的先后顺序，对着每个阶段要实现的梦想图片每天写十遍并视觉化，对自己进行鞭策，慢慢养成良好的习惯，直到完成自己的梦想。

好了，现在开始拿出笔，运用这个画好的梦想板中心图，画出你的梦想板导图，画出你要实现梦想导图中所有内容的行动计划，按照这些行动计划，一步一个脚印，坚定不移地努力，让自己的生命充满热情和生机。最后用一句网上曾经很流行的话：愿你的眼中常有光芒，活成自己想要的模样。

# 第四章
# 打造高效阅读魔法

# MIND MAP

## 第一节
## 阅读改变人生

　　在2013年底，我在一本杂志上看见一名印度工程师撰写的文章《令人忧虑，不阅读的中国人》，当时这篇文章在网上引起反响，一时红遍网络。这个印度人发现，夜晚坐在德国法兰克福飞往上海的飞机上，玩ipad、打游戏或看电影的基本上都是中国人，而其他国家的乘客则在安静地阅读或处理公务。我们华夏民族作为全世界拥有最悠久阅读传统的国家，老祖宗为了方便阅读还最早发明了造纸术，而现在很多人却不肯静下心来读一读书。为什么呢？原因就在于大多数的人都没有养成一个良好的阅读习惯和正确的阅读方法。

　　据《环球时报》报道，中国读书的人数正在逐年减少。2018年，中国只有51.7%的国民读书，这一比例比5年前下降了8.7%，读杂志的比例更比5年前下降了一半之多。同时，只有不足1000万人喜欢阅读小说、诗歌和戏剧等文学作品。对于中国当代的文学作品及作者，能说出一二的青少年不足10%；5年前，上海学生每人每年借阅图书大约10本，而现在还不足1本。

　　而据海外的一份调查资料显示，美国人平均每人每年看书21本，日本人平均每人每年看书17本，而我国平均每人每年不到3本。这绝不仅仅是读书量和阅读效率的差距，更是知识资产和国民素质的悬殊差距。

全世界平均每年每人读书最多的国家是德国，为64本；其次是俄罗斯，为55本；美国现在正在开展平均每年每人读书达50本的计划。而我国的九年义务教育语文课程标准中规定，九年期间学生课外读书量要达到400万字，如果每本书是10万字，九年读书量也只是40本，平均每人每年读书不足5本。

专家指出，导致中国人读书越来越少的原因在于，中国人的生活节奏越来越快，生活匆忙只好压缩读书读报时间。现在，社会上流行的口头禅就是"没有时间""工作太忙"。人们没有意识到，在没有时间的另一面，是因为我们的阅读速度太慢、阅读效率太低！为此，中央电视台专门开辟出了一个时段做了一个读书的节目，提倡大家多读书、爱读书。西班牙之所以首倡设立"世界读书日"，不仅仅是因为这天是作家塞万提斯的辞世纪念日，更重要的是当地居民多年来在这天有赠送玫瑰和图书给亲友的习俗。

有一个哲人说："一个人的精神发育史实质上就是一个人的阅读史；一个民族的精神境界，在很大程度上取决于全民族的阅读水平。"为什么阅读会对一个人的成长和社会的发展产生如此大的影响呢？

阅读可以净化心灵，开拓视野。有人曾写下这样的佳句："生活里没有书籍，就好像没有阳光；智慧中没有阅读，就好像鸟儿没有翅膀。"知识是人类进步的阶梯，阅读则是人类了解自己和获取知识的重要手段和最好途径。阅读有益的书籍不但有助于开阔视野、增长见识、培养广泛的兴趣爱好、学会为人处世等，而且还可以从书本中吸取到丰富的营养净化心灵，让自己拥有一个积极乐观的心态，成就自己的未来。电影《中国合伙人》主人公成冬青决心要"在大学里要读800本书"，其原型俞敏洪在大学里做的最多的事就是读书，这也成就了他今天的事业。回首往事，他认为上大学就应该多读书，读书会使一个人的思想和精神层面得到提升，成为终生的财富。

阅读可以让人对自己和未来充满希望。读书贵在坚持，让阅读成为生活方式，是一个长期的过程，不能松一天紧一天、读一天歇一天。如果每天都可以把自己浪费的一些时间利用起来进行阅读，哪怕只有10分钟，日积月累也是一个惊人的数字。为了培养孩子读书的习惯，犹太人的家庭长期流传着这样的传统：当小孩稍微懂事时，母亲就会翻开《圣经》，滴一点蜂蜜在上面，让小孩去舔带着蜂蜜的图书。其用意不言自明，让孩子从小就知道读书是一件甜蜜的事情，久而久之，孩子就会养成一个良好的阅读习惯。这种良好的习惯会丰富一个人的有限人生，还可以涵养一个民族的精神气质，铸就一个国家的文化根基。据统计，1901~1995年，在645位诺贝尔奖获得者中，犹太人有121位，获奖人数高居世界各民族之首。曾经饱受苦难的犹太民族，之所以今天能够崛起于沙漠之上、屹立于世界民族之林，同样与其民族优秀的阅读传统不无关系。

阅读可以给予一个人战胜困难的勇气和力量。一个人集中注意力进行阅读的时候，一定是心情最为平静的时候。淡淡的书香和文字的魅力能够祛除内心的浮躁，让人沉浸在文字的世界里，给心灵以慰藉和滋润。同时，从书中吸取的知识和能量还能祛除内心的空虚，让一颗心在知识的海洋中渐渐丰盈、充实起来。有了知识和能量的支撑，就算是在逆境中，也能激发自己的无穷潜能，战胜困难，获得事业和精神的双重成功。

阅读可以提高解决问题的能力。善于阅读的人在解决问题的时候一定是有主动性和创造性的，这使得他们能迅速地把书中主动认知和吸收的知识积极运用起来，开动脑筋去思考问题、分析问题，找到最佳的方案来处理解决问题，达成双赢的结果。

阅读可以提高写作能力。欧阳修说："立身以立学为先，立学以读书为本。"长期的阅读，一定会积累丰富的词句，天长日久，自然会产生写作的欲望。因为读的书多，写起来也会有信手拈来的感觉。杜甫诗曰："读书破万卷，下笔如有神。"说的就是这个道理。

总之，可以用培根的一句话来高度概括阅读的好处："读史使人明智，读诗使人聪慧，演算使人精密，哲理使人深刻，道德使人高尚，逻辑修辞使人善辩。"2009年4月23日"世界读书日"，温家宝总理专程到商务印书馆和国家图书馆，与编辑和读者交流读书心得，并提倡读书好、好读书、读好书，推动全民族养成读书的良好习惯。温总理说："我非常希望提倡全民读书。我愿意看到人们在坐地铁的时候能够手里拿上一本书。"这是一个大国总理来自内心的声音，也是一个具有悠久阅读传统的民族迎接伟大复兴的深切期盼。

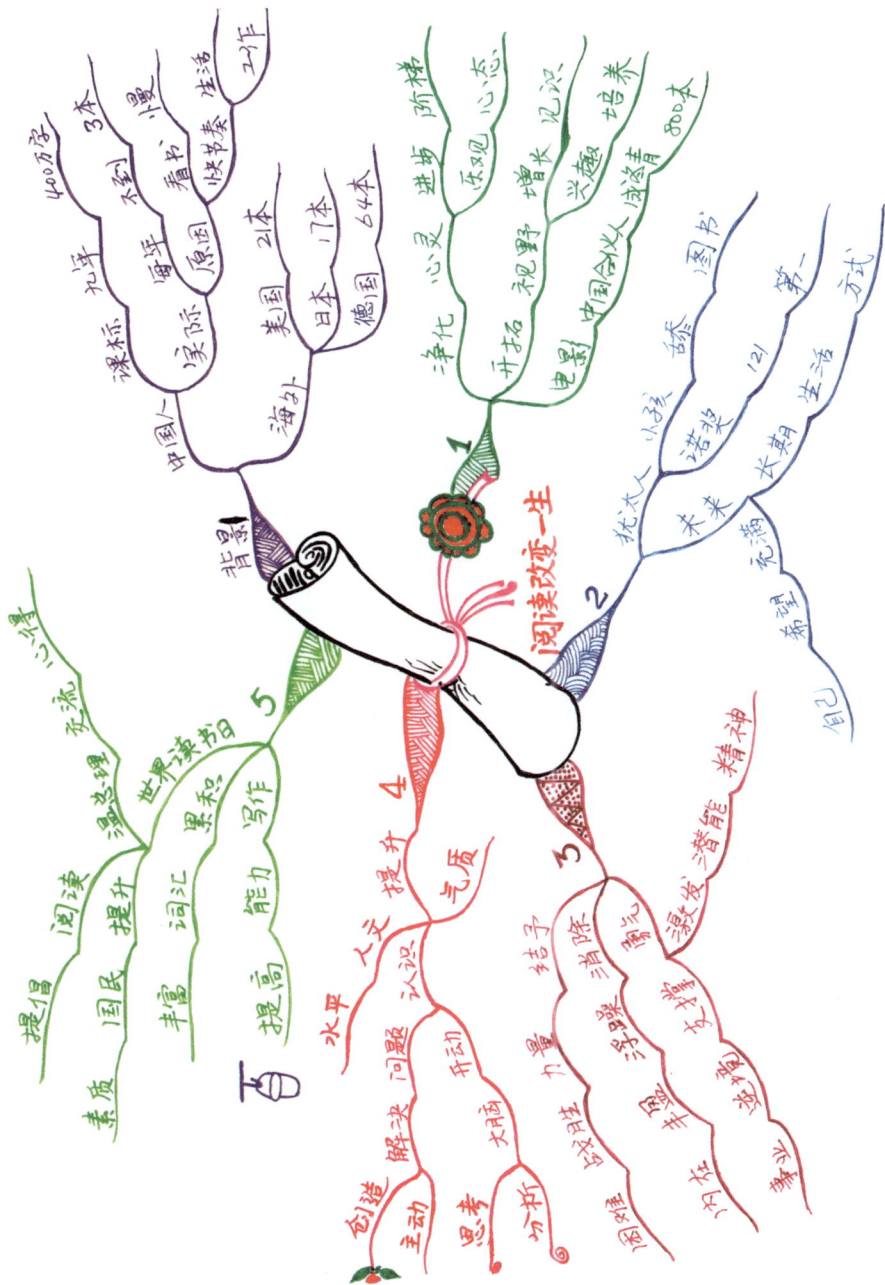

# MIND MAP

## 第二节
## 全想快速阅读法

2015年，我出版了一本关于提升阅读能力的书《快速阅读训练法》，很多读者看完书后给我写了很多邮件，告诉我这本书讲述的提升阅读的方法给自己带来了很大的帮助，现在我把这本书的主要内容分享给大家。《快速阅读训练法》主要讲了从改变阅读方式到培养新的阅读方法等7个方面的内容。

第一方面，从意识和阅读习惯开始改变。阅读会对一个人的成长和社会的发展产生很大的影响，但现代人却很少静下心来认真阅读了。很多人觉得阅读太耗费时间，其中最主要的原因就是没有形成良好的阅读习惯。这些不良的阅读习惯有音读、逐字阅读、回视返读、转动头颈、假阅读。不改掉这些不良的习惯，是无法学会全脑快速阅读的。在传统的阅读法中，书面上的文字信息由于光的作用会对眼睛产生刺激，视网膜接收到这种刺激之后，立刻把信息传输到大脑的视觉中枢，视觉中枢经过辨识处理传递到语言中枢进行进一步的辨识之后，再由语言中枢传递到听觉中枢，听觉中枢感知到文字信息的声音之后再传输到记忆中枢——左脑进行意义的记忆。全想快速阅读法采用的是"眼脑直映"的方式进行阅读，书面上的文字信息由于光的作用直接对眼睛产生刺激之后，将所产生的整体文字图像直接传输到右脑以图像的方式进行记忆，再经由左脑将图像解析，进行意义的辨识。这样的方式，会极大地提升阅读效率。

第二方面，要高度集中注意力。在全脑快速阅读时，集中注意力才能让大脑对书本上的信息进行高速的接收、编码、储存以及反馈。

注意力训练方法运用最多的就是固点凝视法和舒尔特方格法。这两个方法是全脑快速阅读训练中最基础的，能让视觉集中能力最大限度地发挥出来。在练习这两个方法的时候还可以配合运用静坐冥想法，一般5分钟的冥想就可以让人心平气和。最后训练颜色图卡，颜色图卡是用红、黄、蓝、绿、黑等颜色绘制成的图形卡片，凝视这些卡片能够激活右脑，培养右脑的想象力，从而提升注意力。每天花上30分钟的时间进行训练，就会逐渐打开大脑的回路功能。在全想快速阅读训练中，经常采用黄卡、三色卡、黑白图形卡以及曼陀罗卡片进行残像训练和原像训练。

第三方面，激活全脑思维。激活全脑思维要运用大脑的联结、转接和跳跃这三大思维。联结能力就是突破思维的局限，要最大限度地联结自己所有的知识及经验来拓展自己的思考路径，把自己的视觉、听觉、嗅觉、味觉和触觉一起相互刺激时，将书中的信息和外部所感知的信息进行有效的碰撞和对接。这种碰撞和对接会让我们增加阅读的兴趣，增强阅读的动力。转接思维就是当大脑接收到一个新的信息或者刺激的时候，大脑深处的某一些特定的机能马上就会被激活，并立刻做出特定反应来应对启动大脑的跳跃思维。在跳跃思维的时候，建议大家从单一的词组开始练习，等熟练到一定程度的时候再结合书本上的资料进行全脑阅读的跳跃思维练习，这样达到的效果要好得多。当一个人能熟练启动跳跃思维，大脑对接收到的信息和资料就可以进行横向、纵向的想象，不再受逻辑的限制。在练习的时候，所跳跃发散出的思维不能和被发散词组出现在同一层面上。

最后激活五大感官，做抽象词语和句子的转换及自我催眠式的情景引导，多运用资料做环环相扣的训练以及头脑影院幻化故事训练。

第四方面，要熟练掌握思维笔记图卡的运用技巧。在运用思维图卡的时候要充分做好准备工作：阅读这本书是出于什么目的？ 这本书讲了哪些内容？ 这本书的要点，哪些对自己是重要的，哪些对自己来说是不重要的？能否对自己阅读的内容做个清楚明了的阐述？

问完问题后请迅速找出一本书的整体骨架，仔细阅读书本的内容提要，弄清楚作者写这本书的意图，然后完整构建一本书的知识网络结构，最后就是从所阅读的句子或者段落中找出制作思维图卡所运用的关键字词。如果没有找出关键词，就必须采用归纳整理关键句的方法，整理出关键句。在整理关键词和关键句的时候可以采用20/80法则。

完成以上步骤后就可以制作思维图卡了。

第五方面，眼商提升训练的技巧。首先进行视点移动能力训练，这包括横向"之"字形、纵向"之"字形、对角线运动、8字形以及走迷宫训练。然后采用方形、圆形嵌套训练进行视幅范围扩展，提升余光区的感知能力。最后就是瞬间感知能力训练和词群阅读训练。

第六方面，掌握无声阅读的相关技巧。掌握这个技巧必须跨越四个关键的阶段。第1阶段：音读占90%，视读占10%。第2阶段：音读占60%，视读占40%。第3阶段：音读占40%，视读占60%。第4阶段：音读占5%以内，视读占95%以上。初学者提升无声阅读必须做到在不要求理解的情况下看到文字不发音，以及在达到理解的情况下看文字不发音。要做到这样，可以先从一些浅显的，或者自己非常熟悉的文字资料，以2~9个字为单位划分好，然后以120的节拍调整好节奏器，跟着节拍闪视文字，按照这两个要求做好21天完美无声阅读训练，一步一个脚印的打牢基本功的练习。

第七方面，速读方法运用训练。在阅读的时候，我们从书本中收集信息的方法主要有三种：寻找阅读，粗略阅读，精读。这三种方式各有好处，并在全想快速阅读的三种基本训练方法中充分体现了出来。线式阅读，把若干个文字连接成一条线作为一个阅读单位的一种阅读方法，这是一种过渡式的混合阅读方式。直视阅读法，由艾维琳·伍德经过12年的研究创造。面式阅读法，通过训练，最终可以达到一目多行、半页甚至整页的快速阅读。

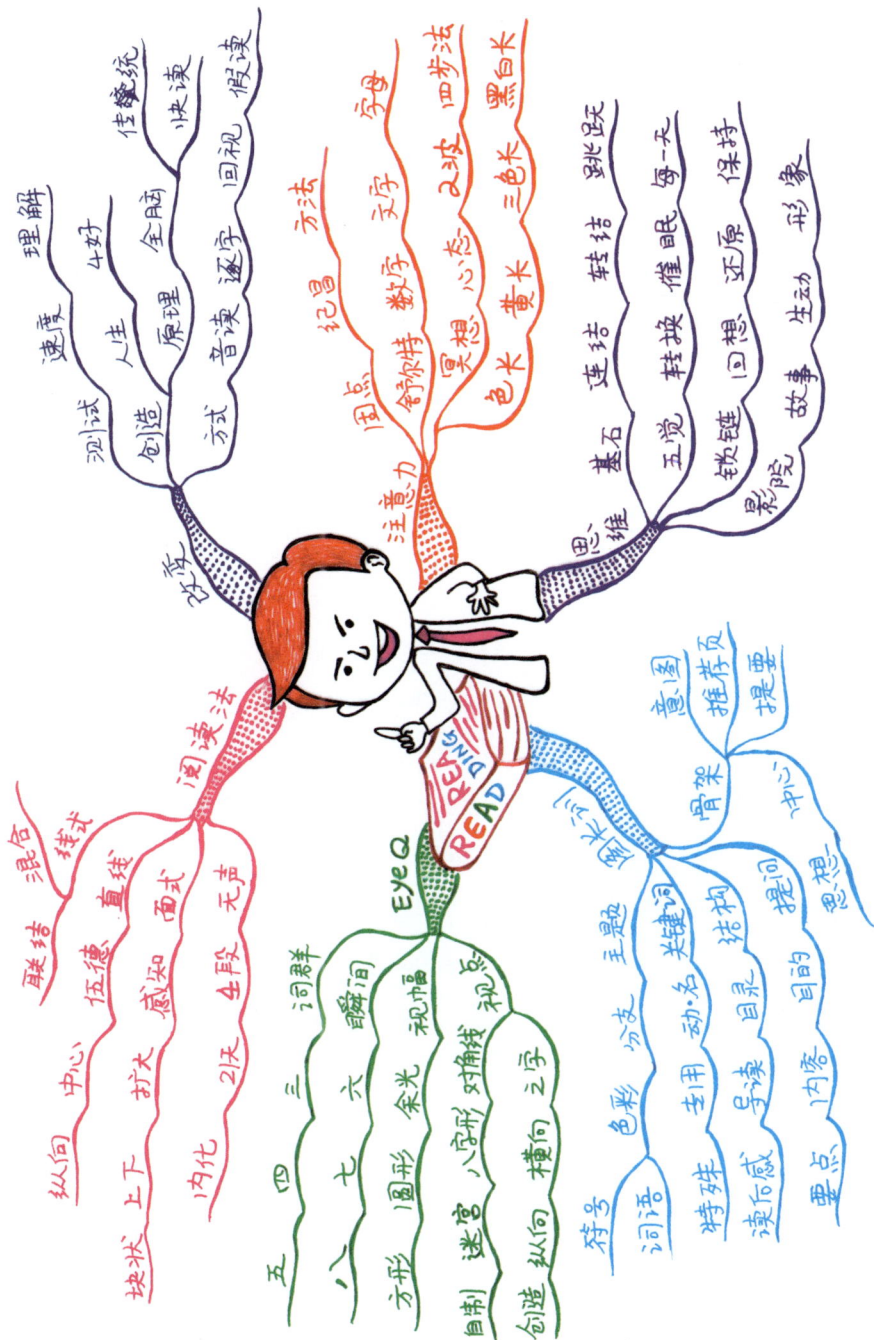

# MIND MAP

## 第三节
## SQ4R 读书法

"SQ4R"是由美国学者罗宾逊提出的读书方法。"SQ4R"是英语Survey（浏览）Question（提问）Read（阅读）Recite （复述）Revise（修订）Review（复习）这六个词的词首缩写。一些教育学家和心理学家认为，这种读书法符合人们读书时的一般思维规律，有助于理解书本内容和增强个人记忆力。在我没有接触快速阅读训练的时候，也经常采用这样的方法来看书阅读。运用在实际阅读中具体步骤如下：

1.Survey（浏览）：快速翻阅书的前言、目录、结论、索引等。通过浏览这个步骤，快速获得书本资料的大体印象，熟悉学习材料的部分章节要点、概要等，以获得对整个书本内容的总体把握，建立起对书本阅读的整体概念及方向感，从而提高阅读的兴趣。

2.Question（提问）：哪些内容是已经了解的，哪些内容是想知道的，给自己提出一些问题，从而建立吸收新知的学习心态。通常我们在阅读的时候需要提出这三个方面的问题：

第一方面，通过前面的浏览，我已经通过内容提要知道了什么？我已经掌握了相关方面的什么信息？第二方面，这本书想告诉我什么？例如，他想回答的可能是什么问题？作者将如何证明他的看法？他能通过举例来证实他的观点吗？第三方面，我想要通过本书的阅读得到什么？例如，这本书带给我哪些启发？读完这一章，我该知道这是什么或能做什么？我能把这些启发运用到实际工作中吗？

3.Read（阅读）：略读，理解大意，留意重点，主要概念画线或摘录。如果没有浏览和提问阶段的准备就去阅读，常常会得不到透彻的理解或者心不在焉、注意力分散，导致不必要的重读。

4.Recite（复述）：选择重点内容复述，以加强印象。从头至尾温习一遍你刚刚读过的书本，通过口头复述、思维导图方式记笔记或通过回答问题来做小结。通过复述，总结这本书的主要思想。遇到长或者复杂的段落，更有必要把书放下片刻，看看自己能否总结出主要观点。

5.Revise（修订）：试着用自己的话来陈述重点，以便修正复述时的错误或遗漏。在修订的过程中，尽可能地把书上重要的观点、概念和词汇画上下划线，或者在书页边上做笔记，并从所读材料中提炼出中心思想（主要观点），用自己的词句写成简短的摘要。

6.Review（复习）：通过回想主要概念，找出关键词及重点字或句的复习，达到融会贯通、举一反三的目的。

通过以上六个步骤的学习，我们不仅能做到主动学习，还能因为产生好的学习成果而建立信心，增强学习的兴趣。"SQ4R"也能应用到日常生活中，例如打算旅游时，行前先将资料搜集浏览（Survey），了解旅行的目的（Question），阅读（Read）选定的行程，将预定的行程和亲朋好友讨论（Recite），看看他们的反应，再试着用不同的角度说明（Revise）。当然，在愉快的旅行后，别忘了和亲友分享得意的旅游照片或是录像（Review），如此一来，化走马观花的旅行为体验生命的旅程，保证每次旅程都能更加充实，让每一次旅行更圆满。

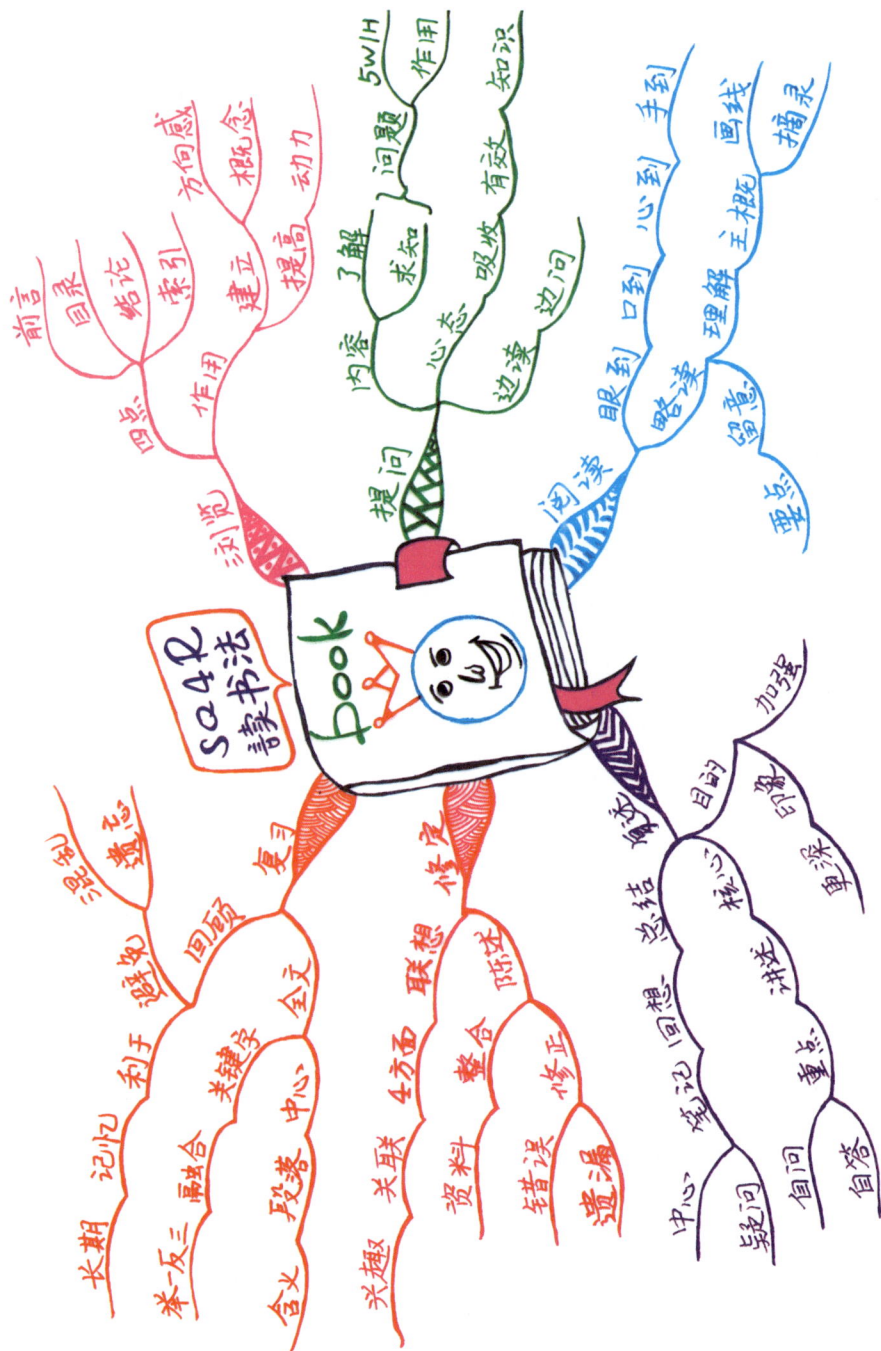

SQ4R
读书法

book

浏览
前言
目录
标记
索引
建立
提高
方向感
概念
动力
作用
回忆

提问
了解
问题
5W1H
作用
内容
求知
知识
心态
吸收
有效
边读
边读
边问

阅读
眼到
口到
心到
手到
略读
理解
主标题
画线
摘录
重点
留意
插图

复习
回顾
混乱
遗忘
避免
举一反三
融会
回顾
利于
关键字
全文
记忆
长期
含义
段落
中心

修度
联想
陈述
整合
修正
关联
4方面
兴趣
资料
错误
遗漏

编码
总结
回想
日问
印象
加强
杠杆
理解
加深
讲述
中心
提问
疑问
重点
回问
自答

# 第五章
# 成就完美的学习效能

# MIND MAP

## 第一节
## 制订高效学习计划

在工作中，做好计划可以使工作有明确的目的性，可以更加合理地安排自己的工作时间，变被动为主动，使整个工作有条不紊地向前推进。这样不仅可以提高自己的工作效率，而且可以养成良好的工作习惯，成为一个真正专业的职场人士，同时也为以后职位的晋升奠定一个良好的基础。

在学习中，科学安排学习计划和学习时间，是掌握学习主动性的不二法宝。学习的计划要合理，从自己的实际情况出发，不要脱离实际。学习计划制订时对于时间的安排要力争"时时有事做，事事有时做"，保持旺盛的精力，使自己的学习变得轻松愉快、生动有趣。如果你能用思维导图绘制出属于自己的学习计划，就可以让它成为推动你主动学习和克服困难的内在动力。那么，如何做好一个高效的学习计划呢？

第一步，确定一个正确的学习或者工作目标。这个目标就成为思维导图的中心主题，并用色彩鲜艳的图片表示出来。如果你的工作目标是买一栋大的房子，最好把中心图画成一栋风景优美的别墅，这样可以激发你的潜意识力量，产生更大的行动力，完成目标计划。

第二步，将中心主题分解为阶段性的小目标行动计划，并用主干分支表现出来，然后采用"剥洋葱法"再对主干分支进行层层分解，直到分解出的分支能有效地完成自己的目标，最后在每一个需要强调的分支上绘上小图标并上色。

第三步，如果一个目标分支有必要再详细分析，可以在目标分支旁写上引号，然后在纸的空白地方写上对应的引号和分析的内容。如果想强调各个目标分支的关系，还可以用箭头等直观表示。如果用箭头不方便直观表示各目标分支的关系，也可以在有关系的目标分支旁分别画上相同的图标来表示。

第四步，把绘制出来的思维导图计划贴在你工作的地方或者卧室里面，实时检查计划的完成进度。每完成一个分支计划，必须对自己有一个鼓励。如果完成起来有问题，必须找到问题出现的原因，采取相应的措施，调整计划，或者排除干扰自己完成计划的因素。

第五步，学以致用，请用思维导图为自己做一个计划吧。

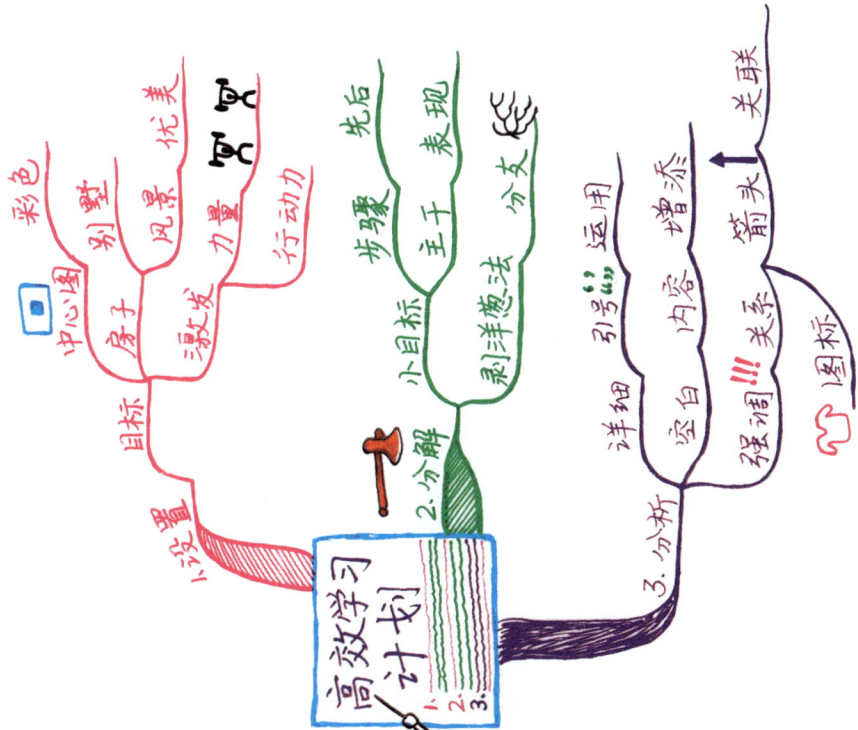

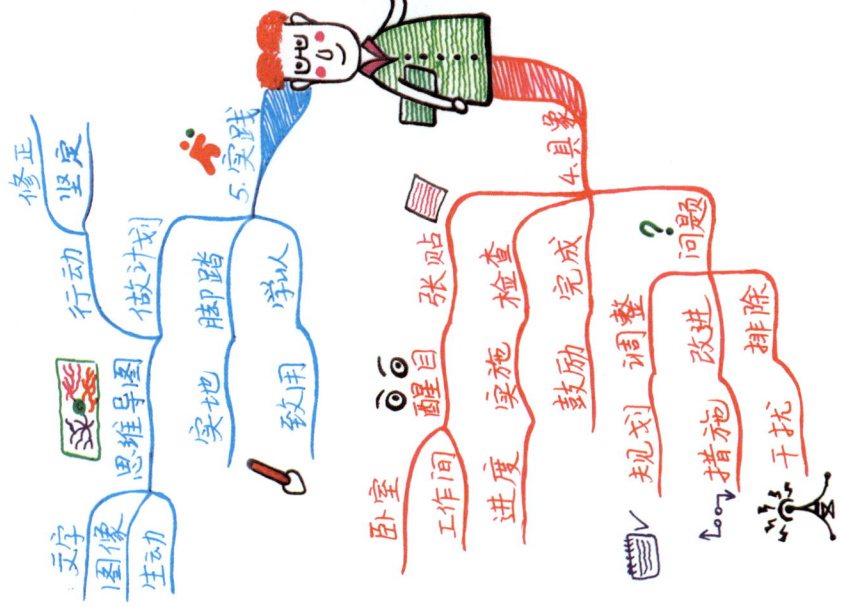

高效学习计划

1. 设置
目标
- 中心图
  - 彩色
  - 别致
- 房子
  - 风景 优美
- 就业 力量
  - 行动力

2. 分解
- 小目标
  - 步骤
  - 主干 表现
  - 分支
- 剥洋葱法

3. 分析
- 详细
- 空白
- 强调 !!!
- 引号 运用
- 内容
- 增添
- 关系
- 箭头
- 目标

4. 具象
- 卧室
- 工作间
- 张贴
  - 醒目
- 检查
  - 进度
  - 实施
- 完成
  - 鼓励
  - 调整
  - 问题
  - 规划
  - 改进 措施
  - 排除 干扰

5. 实践
- 修正
- 退定
- 行动
- 做计划
- 深入
  - 思维导图
    - 文字
    - 图像
    - 生动
  - 实地
  - 脚踏
  - 致用

# MIND MAP

# 第二节
# 拥有超强记忆力

先讲一讲我的故事：在读书的时候，我的英语成绩一直很差，差到每一次考试的成绩老是倒数，每次考完，我都要接受父亲和老师的一阵"狂批和再教育"。虽然我也很努力地记忆英文单词和各个学科的知识要点，但是每一次都是第一天记住了，第二天早上起来又一个都不记得了，那时候我真是很沮丧，甚至开始害怕上课学习。

在1999年的7月，一个偶然的机会，我的学业出现了转机，在一个同学的帮助下参加了一个记忆力训练研习会。在这个记忆力训练研习会中我有了深刻的体会：记不住学习的资料不是因为脑袋瓜笨，而是我没有学会并运用正确的记忆方法。课程结束后，我把自己所学习到的记忆方法迅速地运用到听课笔记、英语单词等记忆中，我惊喜地发现，每一堂课老师所讲的课程内容、英语单词，我竟然能复述出80%以上。拥有了这种让同学们羡慕、老师惊叹的超级记忆力，我的学习成绩也自然而然得以快速提升，在当年寒假期末考试的时候，我的英语成绩竟然考了年级第一名！毕业后，我应邀进入这家记忆力培训机构，从助教开始做起。短短两年的时间，我就从助教晋升为这家机构最年轻的培训讲师，那年我24岁，这就是通过学习拥有了超级记忆这种能力带给我的改变。

到2020年，我从事脑力潜能开发培训已经整整18年了，在这18年中，帮助一批又一批的学员通过课堂上的训练拥有了超强的记忆力、敏捷的思维能力以及快速阅读的能力，这些能力帮助他们迅速提升了考试成绩和工作业绩。每每接到学员们给我的报喜电话，我都会感到非常地欣慰，这是对一个为师者最大的奖赏。

现在是一个讲究终身学习的时代，如果你拥有超强的记忆力，对所学习的各种资料记得快、记得牢，就可以把学到的各种资料及知识迅速储存在大脑里，把这些资料和知识转化成经验和智慧，做任何事情都可以达到事半功倍的效果，这样想象着自己的未来是不是很美好？事实却是：在现实生活、学习及工作中，很多人都觉得自己记忆力不好，记忆各种资料、材料都很难。在超级记忆力训练课程中，每个学员都被我问过这个问题，当然得到的答案千奇百怪。在这些千奇百怪的答案中最有代表性的答案是：我天生记忆力都不好。

天生就是记忆力不好？我要告诉你的是：这实在是个很烂的借口！这是个会毁掉你一生成就与梦想的借口！但很多人已经习以为常了，在这里，我希望你立刻把这个想法抛弃掉，只有抛弃掉，你才能立刻行动，获得改变。我曾经在中学的时候看过一本书，书上有一句话一直驱使我不断地前行，今天我也把这句话送给你：一个人所拥有的能力，不是天生的，而是通过后天的努力不断训练出来的！

如何才能训练出自己超强的记忆力呢？其实很简单，就三个要点：正确的方法，巩固训练，融会贯通。如果你看过我的《超级记忆力训练法》（畅销升级版）一定会有感触。如果你暂时还没有看过也不要紧，我在这里就把书中的要点用思维导图的形式呈现出来，你跟着这张思维导图就可以拥有正确的方法了，接下来运用这些方法去努力练习，达到融会贯通，你也就拥有了超强的记忆能力。

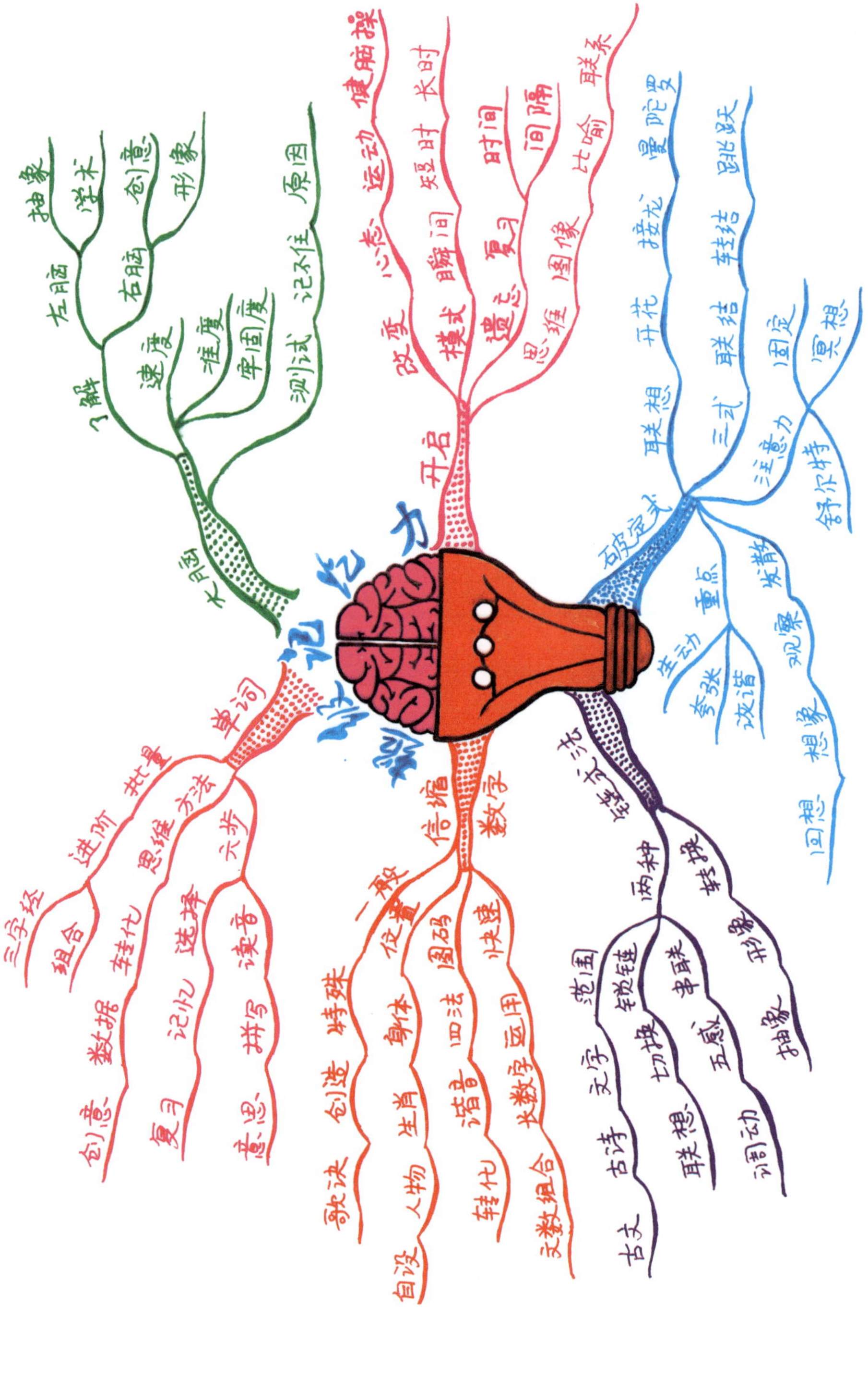

# MIND MAP

## 第三节
## 用思维导图听公开讲座

在前文，我们通过一张思维导图了解到了如何迅速提升记忆力的训练方法以及运用的技巧。跟着思维导图中所列出的方法和技巧，通过自己努力的训练后，我们就可以发挥超级记忆的魔力了。不过，在运用的时候，一定要做到记忆方法的灵活运用、融会贯通。现在就让我们运用思维导图这个工具，一起去听讲座，让"一场讲座变成一张或者两张思维导图"。讲座完成后，运用超级记忆的方法，结合思维导图，完成记忆就可以了。

不过，对于初学者来说，在还不怎么熟练运用思维导图的情况下，一边听讲座，一边还要迅速画出思维导图，的确有一点难度。但是不用担心，只要掌握思维导图的绘制要点和步骤，做好画思维导图的一些准备工作，跟着下面的步骤操作就可以轻松地做到。

1.在讲座开始前20分钟到达讲座会场或者教室，向主办方的工作人员领取有关本次讲座的资料。通过这些资料，迅速了解授课老师的情况、讲座的主题以及主要内容，如果主办方能够提供讲座的内容目录更好（见下图）。通常来说，现在的讲座主办方都很乐意提供你所需要的关于讲座方面的材料。

2.如果主办方无法提供关于讲座的材料，你可以通过会场、教室的布置或者迅速认识周围听讲座的同学，通过和他们聊天了解本次讲课的主题及内容。通过他们提供的信息，迅速在笔记本或者白纸上画出这次讲座的一个大概内容速射图，这个速射图就有点类似于我们前面讲过的联想开花。通过这个速射图，可以让大脑做好对于今天讲座新知识的吸收准备。

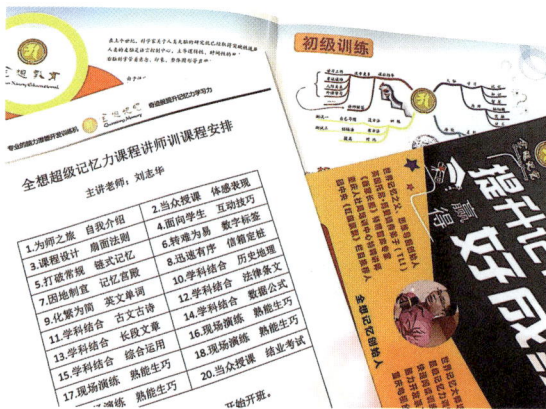

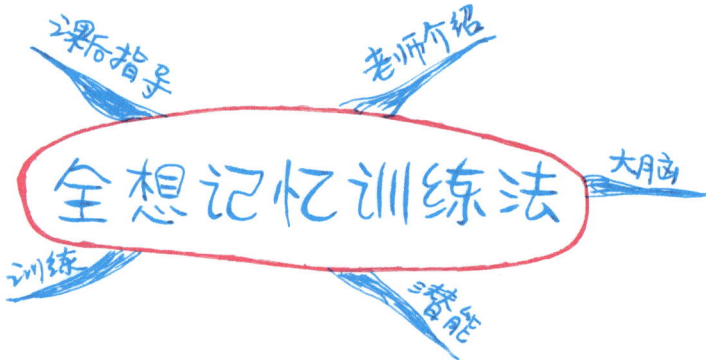

3.通过前面所了解到的资料，尝试在笔记本上或者专门用于本次讲座笔记的纸上，画出跟讲座主题及内容相关的中心图和不同颜色的3~7个主干分支。前面这三点完成后，基本上讲座也就开始了，那就可以跟着老师的讲解进行下面的步骤了。

4.根据本次讲座老师讲述的内容，迅速整理归纳并确立好各个主干及余下分支干关键词，这是非常重要的。如果一时无法确立好主干分支关键词，则需要把老师投影在电子白板或者投影幕墙上的关键内容，迅速记在另一张笔记纸上。做到这些后，再跟着老师讲授的内容画出各个分支关键词，如果觉得不太重要的内容，就可以不用太详细地记录，只需要做好备注用一到两个分支附在另一个分支上就可以。如果时间充足，甚至可以在比较重要的内容关键词的旁边画出图画，加深印象。

5.熟练使用思维导图听讲座的同学，基本上讲座结束，一张关于本次讲座内容及精华要点的思维导图就完成了。对于初学者来说，可能效率就没有那么高，听完讲座后，做出来的思维导图可能只是个半成品，那就需要花点时间，在讲座结束后，结合刚才记录的关键内容，整理好关键词，一步一步地把剩余部分导图内容完成。完成后，通过思维导图对本次讲座进行回顾修正，运用超级记忆的方法完成内容的记忆。

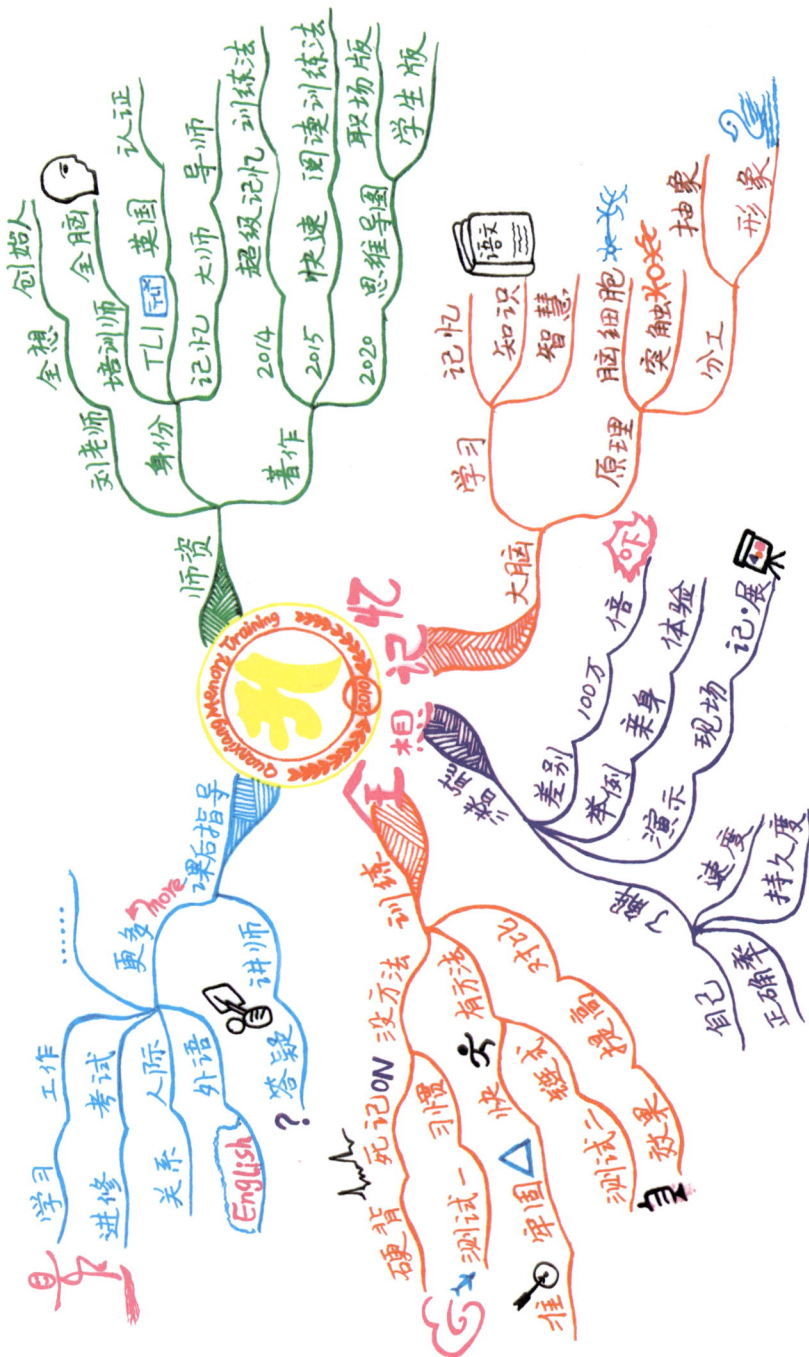

全想记忆 Quanxiang Memory Training

**师资**
- 创始人
- 全想 / 全脑
- 语训师 TLI 认证
- 记忆大师 导师 速录
- 超级记忆 训练法
- 快速阅读 训练法
- 思维导图 职场版 学生版
- 2014 2015 2020
- 刘老师
- 象作 / 著作

**语文 记忆**
- 学习
- 记忆
- 知识
- 智慧
- 原理
- 脑细胞 ×14万
- 突触和 ×10万
- 加工
- 抽象
- 形象

**大脑**
- 100万倍
- 差别
- 率到
- 亲身 体验
- 现物
- 演示
- 记·展
- 速度
- 持久度
- 自己
- 正确率

**阅读 训练**
- 死记ION 没方法
- 有方法
- 测试二 社交
- 提高
- 效果
- 硬背
- 引爆
- 快
- 课堂 △
- 测试一
- 佳

**讲师**
- 学习 工作
- 考试
- 人际
- 关系
- 外语 English
- 进修
- 答疑 ?
- 更多 more
- 课后指导

# MIND MAP

## 第四节
## 思维导图课堂笔记应用

随着社会的不断进步，知识变得越来越重要，很多朋友开始不断走进课堂学习，以丰富的知识武装自己的头脑。尤其是很多的家长朋友奉行"学习要从娃娃抓起"，各种补习班都纷纷给孩子报上，生怕自己的孩子输给了别人。很多孩子从小学到高中，每天早上一睁开眼睛，就只有一个任务——学习，周一到周五各科老师像走马灯似的在眼前晃悠；好不容易有个周末可以稍微缓解一下紧张的学习气氛了，不管愿意还是不愿意都必须去一些课外辅导机构进行补习。家长花了不少的钱，孩子也做了厚厚的几大本的笔记，但成绩还是不够理想。很多家长百思不得其解，不是老师讲得不好，也不是孩子自己不努力，那到底是什么原因造成这样的结果呢？

为了弄清楚原因，我们联合重庆一所著名中学做过这样的实验，挑选出100位学历都是大学以上的家长拿着孩子在课堂上做的笔记看上30~50分钟，我们偷偷用摄像机观察家长们的反应。实验结果表明，有70%左右的家长根本看不下去，翻看15~20分钟就把笔记放在桌子上，开始看自己的手机，甚至有15%左右的家长看着看着睡着了，只有15%左右的家长从头到尾把孩子的笔记看完了。实验结束后，我们让家长们讲出自己看这些课堂笔记的感想，有80%左右的家长都表示看这种单一颜色书写的笔记枯燥无味，根本找不到理由让自己从头到尾看完，就算是看完的，也觉得这样的笔记看起来太费力了，一点也体会不到学习笔记带给自己的兴趣。

大多数学生的笔记都是把老师在黑板上的内容全部照搬在笔记本上，整本笔记本上全部都是黑黑白白、蓝蓝白白或是蓝黑加白色的单词、古文、公式等文字性记录，这样的线性笔记在学生们复习的时候是没有任何学习的兴趣和乐趣的。因此，很多学生在听完老师的讲课后，根本都不会再对笔记进行有效的复习，根据艾宾浩斯遗忘曲线规律，学生成绩好起来才是怪事。

讲到了这里，我想起了自己第一次参加思维导图风暴训练营时的一件事情。那是在训练营第二天课程的第一节课上，老师检查完全部30个学员的课堂笔记之后，立刻让所有的学员现场复述笔记内容。结果，大家在丢掉笔记本进行复述的时候不但思维混乱，而且没有一个学员能完整复述80%以上的内容框架，因此全部被老师定义为"不会做笔记的人"。

为什么会这样？原因就是所有学员的课堂笔记只是把老师头一天讲的PPT页面上的内容全部照抄在了笔记本上，而没有真正让课堂笔记存储在大脑里面。而今天，当你学会绘制思维导图以后，就可以让自己成为一个"真正会做笔记的人"！

用思维导图做笔记，可以对我们的记忆和学习产生巨大的影响。在记忆的时候，我们只记忆相关的词可以节省90%以上的时间，可以让注意力更加集中，聚焦于真正的要点，缩短80%以上的复习时间。在课堂上，我们可以一边听，一边绘制思维导图。根据讲解者所讲的内容找出一些基本的概念和重点的内容，做成几个大的主干框架，再根据讲解者对每个主干框架的延展，做出其他的分支。

如果听课时面临的是讲解者没有使用PPT制作课件的线性讲座或者直接宣读的情况，你需要在课程开始前向讲解者或者主办方索要与今天课程内容相关的材料，以便于你在课程开始之前，画出一个与讲课主题相关的中央图和尽量多的主干及分支，记下重要的关键词和所需要的图片内容。当然，在课堂上这样绘制出来的思维导图笔记最多只是个半成品，你必须在讲解者讲解完成以后，回忆编辑修正你的这幅思维导图笔记，在重点部分再绘制上一些图像，让信息变得鲜活而生动，加深你对本次课程的理解。

如果你需要知道在课堂上做思维导图的步骤，你就回顾参照前面章节中讲的用思维导图听公开讲座的5个步骤即可。现在，我们就来通过传统课堂笔记和思维导图课堂笔记做个对比，看看你喜欢哪一种笔记方式，看看你是不是一个会做笔记的人。

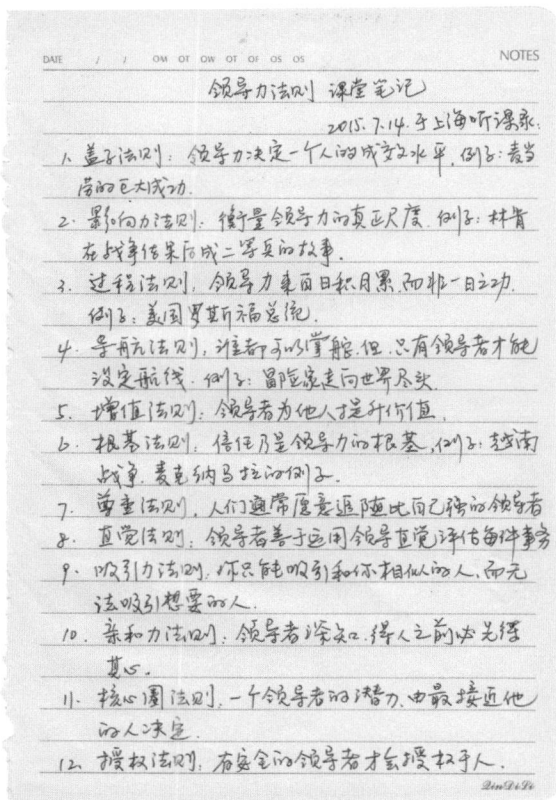

传统课堂笔记

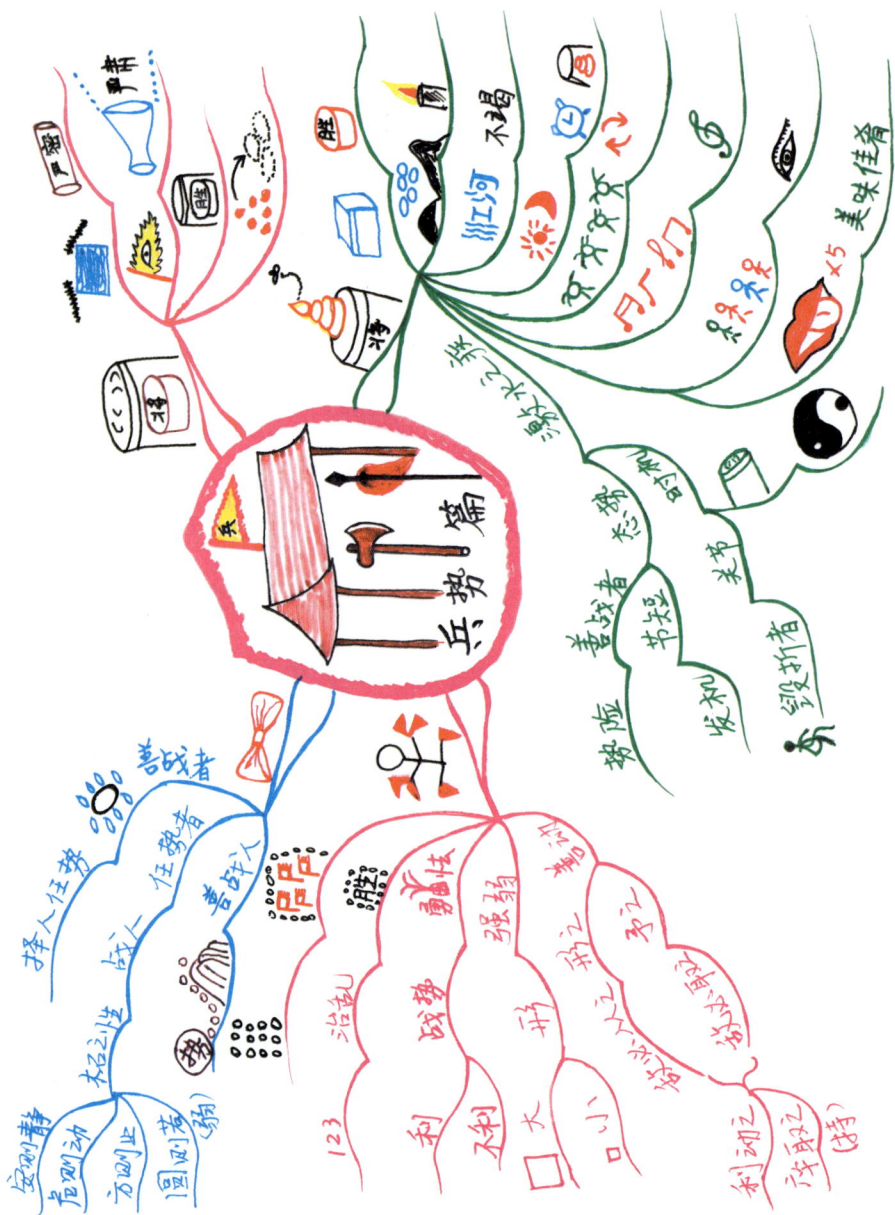

思维导图课堂笔记

第六章
运用智慧工作

# MIND MAP

## 第一节
## 戴上六顶思考帽

在思考决策的时候，我个人非常偏爱六顶思考帽决策法，戴上六顶思考帽，从不同的角度去思考，它可以瞬间让我们的思考更加全面，迅速将一个人混乱的思维变得清晰，使每个人变得富有创造性。

六顶思考帽决策法是"平行思维"的工具，它的发明者是英国学者爱德华·德·波诺博士。爱德华·德·波诺指出："思考的最大障碍在于混乱，我们总是试图同时做太多的事情。情感、信息、逻辑、希望和创造性则蜂拥而来，如同抛耍太多的球。"在思考的时候，我们往往同时顾及许多方面：要照顾事实，又要建立其中的逻辑关系，同时又不能暂且割裂各种因素，这些都经常造成我们思考上的障碍，影响我们做出最佳的判断或选择。六顶思考帽的要旨在于，不要同时思考太多事情。思考者要学会将逻辑与情感、创造与信息等区分开来，一次只戴一顶帽子，一次只用一种方式进行思考，避免将时间浪费在相互争执上，从而将各顶帽子在思考时的作用完全体现出来。

白色思考帽像白纸，代表中性和客观，集中所有人的智慧、知识和资源，尽可能地提供客观的事实和数据，而不是陷入观念的怪圈。

红色思考帽像火焰，代表情绪、直觉和感情。它提供的是感性看法，注重的是思维中的一些非理性的因素，你完全可以凭着对某一件事的主观感觉来判断它。

黑色思考帽像法官的黑袍，代表冷静和严肃。它意味着小心和谨慎，发现任一观点的风险所在。黑色思考帽主要有两个目的：发现缺点，做出评价。

黄色思考帽像阳光。它意味着乐观、充满希望的积极的思考。不过在充满希望的背后，必须要有足够的理由来提供支持，因为黄色思考帽是一顶强调逻辑的帽子。

绿色是草地和蔬菜的颜色，代表丰富、肥沃和生机。绿色思考帽指向的是创造性和新观点，允许各种可能性，努力表现出创造的欲望，寻求新想法。

蓝色是冷色，蓝色思考帽是对思考过程和其他思考帽的控制和组织。它可以将思考过程有效地组织、协调，充分调动我们身体内未被激发的潜能因子，就像是一个乐队的指挥者，将音乐的起承转折演绎得生动完美。

透过六顶思考帽与思维导图的结合使用，可以提高思考的效率，同时也提供了一种全新的思考方式。现在，请你将六顶思考帽的精髓做成一幅思维导图，帮助自己更有效地思考。

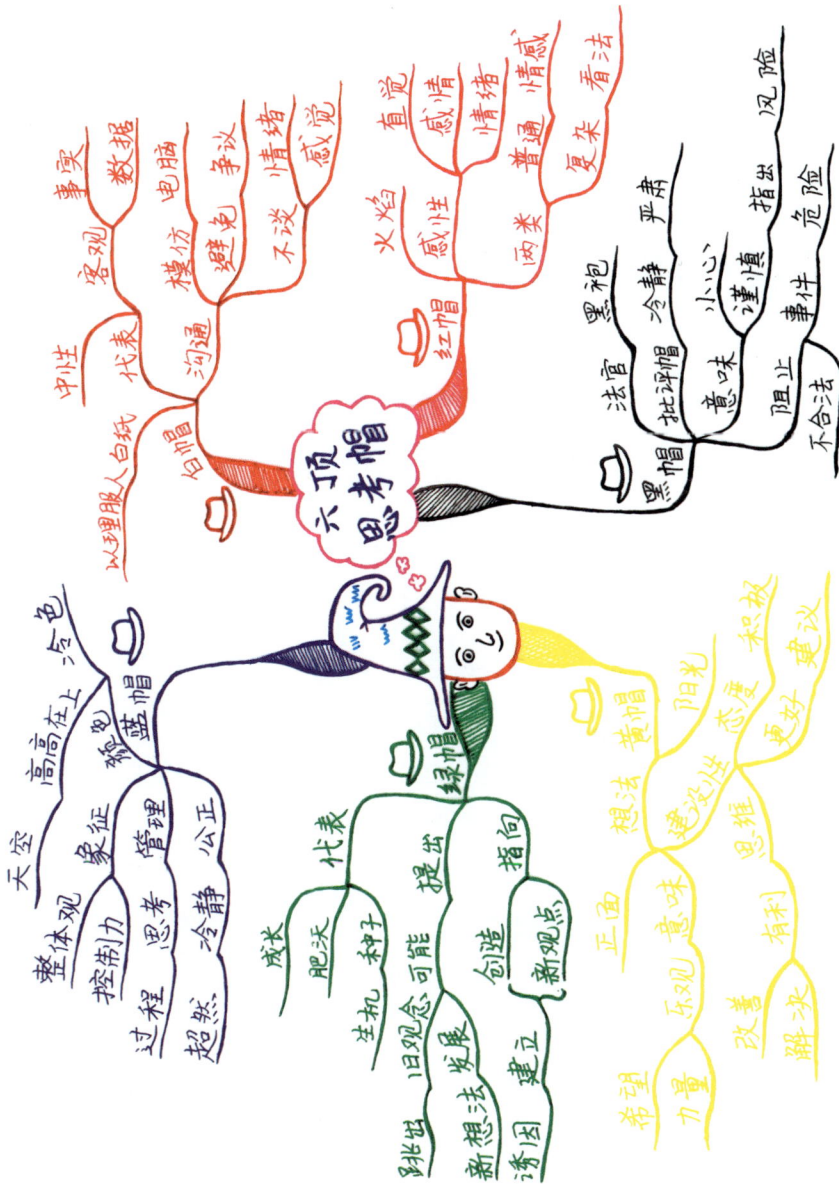

六顶思考帽

白帽
以逻辑服从人自机
中性
客观 事实
代表 数据
沟通 电脑
模仿
避免 争议
不谈 情绪
感觉

红帽
火焰
感性
自觉 感情
情绪
两来
普通 情感
复杂 看法

黑帽
法官
批评帽
小心
冷静
平衡
意味
谨慎 指出
事件 危险
阻止
不合法
风险

蓝帽
天空
高高在上
冷色
象征
统筹
管理
公正
整体观
控制力 思考 冷静
过程 超然

绿帽
代表
成长
肥沃 种子
提出
生机
旧观念 可能
新想法 发展
创造
添困 建立
指向
新观点
跳出
新想法 建立
创造
添困 建立

黄帽
阳光
想法 建设性
态度 积极
更好 建议
思维
正面
乐观 意味
改善 有利
期来 解决
希望
力量

MIND MAP

# 第二节
# 建立高效团队的秘密

　　作家姜戎写了一本名为《狼图腾》的书，这本书自2004年出版后至今畅销，后来又被电影公司购买版权，由法国名导让·雅克·阿诺，这位被誉为最会拍摄动物题材的导演，历经7年筹备，把这本《狼图腾》小说改编成一部同名电影。随着小说和电影的大红大紫，由小说和电影延伸出来的"狼性文化"大行其道，备受职场人士的推崇。

　　备受推崇的缘由则是狼群这种高效的团队协作性，它们在攻击目标时往往无往而不胜。狼群一旦确定攻击目标，头狼立刻发号施令，群狼各就各位，嗥叫之声此起彼伏，互为呼应，有序而不乱。待头狼昂首一呼，主攻者奋勇向前，佯攻者避实击虚，助攻者嗥叫助阵。这种高效的团队合作使狼群的力量空前强大，所以有"猛虎也怕群狼"之说。

　　在现在的职场中，专业分工越来越细、市场竞争越来越激烈，单打独斗的时代已经过去，建立一支像狼群一样高效的团队变得越来越重要。据统计，在诺贝尔获奖项目中，因协作获奖的占2/3以上。在诺贝尔奖设立的前25年，合作奖占41%，而现在则跃居80%。

那什么是团队呢？我们老祖先非常有智慧，关于"团队"很早就总结出了这样一句话：人心齐，泰山移。相传佛教创始人释迦牟尼曾问他的弟子："一滴水怎样才能不干涸？"弟子们面面相觑，无法回答。释迦牟尼说："把它放到大海里去。"为什么一滴水放到大海就不干涸了呢？因为大海是靠很多很多的一滴水汇聚而成的。

建立一个团队很简单，建立一个高效的团队往往很难，因为高效，则需要把团队的每一个方面、每一个环节都做得好，才能保证团队力量最大程度发挥。建立高效团队需要从以下几个方面入手：

第一点，识人。这是保证一个公司或者一个机构选聘到高素质人才的第一道关口。南宋学者胡宏说："治天下之乱者，必以知人为本。"如何从芸芸众生中识人，成为领导者及HR们在招聘中的最关键要素。古人在识人过程中，能够认识到"夫才能参差，大小不同"的个体差异和长短之势，这就为科学用人奠定了扎实基础，在具体用人过程中发扬其优势，规避其短处，扬长避短，让人才发挥重要作用。

第二点，选人。识人越多，能够选择的人才够多，这样就能在众多可能的人选中把最优秀、最适合的人选出来。每个人都有自己独特的优势，要组成一个团队并发挥出这个团队最大的优势，就要把选择到的每一个人的优势发挥到最大化。当然在选人的时候一定要只选对的，不选贵的，选人勿苛刻，适合即可。最重要的一点就是注重被选者的品德，品德优先，能力第二。一个领导者还要敢于选用品德好，又比自己更优秀的人，善用比自己优秀的人，才能让自己变得更优秀。在中国5000年的悠久历史中，但凡能够青史留名的名臣，总是得到了伯乐的欣赏。恰到好处地发挥自己的长处，鉴别出别人的优势之处，并使之来做工作以弥补自己的短处，最终促成整体事业的成功。齐桓公在鲍叔牙进言"君且欲霸王，非管夷吾不可"之后重用管仲，在管仲的帮助下，成就了齐桓公"九合诸侯，一匡天下"的伟大成就。

第三点，留人。留人是一门高深的学问，很多公司以及领导人都没有弄懂，因此公司成了为很多同行公司培养人才的黄埔军校。虽然很多领导者都觉得企业之间人才流动是合理的，但是当超过一定比例的时候，就存在危险性。通常很多的领导者都会讲出诸如待遇留人、感情留人、事业留人这样的案例，但往往一个人要离职的时候，突然发现这些都不管用了，薪酬福利不再是留住人才的"金手铐"。因此，留人必须留下心，留下心就要知人善任，让员工对公司发展有参与感，充分了解员工对工作的理解，对公司的建议以及对自己未来的规划。否则，就算是留下人，没有留下心，还是会出现"身在曹营，心在汉"的现象。

第四点，育人。在团队或者企业中，育人的成本最高，有些时候甚至会付出很大的代价来让团队人员成长。如果团队或者企业花了很多的时间、精力甚至一些代价好不容易让一个员工的价值刚刚提升起来，员工就立刻离职了，甚至直接投入竞争对手的团队里，到这时候，不管是团队还是企业往往都是"哑巴吃黄连，有苦说不出"。如何才能避免这样的事情发生呢？首先要从思想入手，培育下属，注重对价值观、态度、责任心、思想观念等的教导，思想一致了，才能同心协力。其次就是领导人要以身作则，言传身教，并能够在下属工作中发现问题或错误时，及时给予更正。最后做到根据不同员工的背景、基础、潜力进行差异化的培养，并不断地激发团队人员的潜能。

第五点，用人。用人必考其终，授任必求其当。党的十八大以来，习近平总书记站在党和国家事业发展全局的高度，明确提出新时期好干部标准，明确指出新时代党的组织路线，并推动全党完善选人用人制度机制，严把选人用人质量关，坚决匡正选人用人风气。我们党和国家领导人对用人这块都作出了明确的指示，但很多的团队及企业都没有真正明确用人的标准。在职场上，用人以公，方得贤才。公道正派是企业及团队用人的核心价值理念，也是做好用人工作的生命线。坚持公道正派，才能有识人之明、举贤之胆、容才之量，才能做到唯才是举、任人唯贤。坚持用人基本准则，德才兼备，优先使用；有德无才，培养使用； 有才无德，限制使用；有才有德，破格重用；无德无才，坚决不用。

第六点，管人。我培训过的很多团队和企业，都会在培训的课堂上向我提到团队和企业发展过程中遇到的很多问题，其中提到最多的问题就是管理。执行力不强，制度难以落地其实就是管理出了问题，更深层的讲就是管人出了问题。很多老板在课堂上经常向我抱怨：我真的很累，为了管人，自己制订的很多制度很难落地，员工经常不把我的话当回事，感觉自己不像个老板，毫无权威。出现这些状况，很大一部分原因在于很多民营企业的老板喜欢立规矩，定制度，这是好事，但恰恰是这些好事却坏了事，原因很简单：其实这些规矩、制度都是老板一个人坐在办公室里想出来的，而不是开会讨论出来的，而老板及管理者又要立竿见影的效果，所以在推行这些制度的时候也不是循序渐进的，而是命令式、强迫式的，员工或者说团队人员会买账吗？

其实在一个企业或者团队中管好人很简单。首先，定制度，但这个制度不是个别人拍脑袋想出来的，而是集思广益，各方都能接受的一种规定，定好的这个制度就如同法律法规一般，如果有人不遵守必定要受到相应的惩戒，以此来维护其威严性，这点要从老板及管理者开始，上行下效。其次，人事部门要发挥作用，人事部门不是简单地招聘及发通告，还必须协助老板及管理层管人。制订好制度，在推行的阶段必须把各种各样制度的执行标准和流程公布出来，做到制度管人，流程管事，标准做事，真正做到：制度大过总经理，流程大过董事长。最后，有了规矩，不管是老板、团队领导人还是员工，都必须各司其职，各负其责，恩威并重，立刻执行才能成方圆。

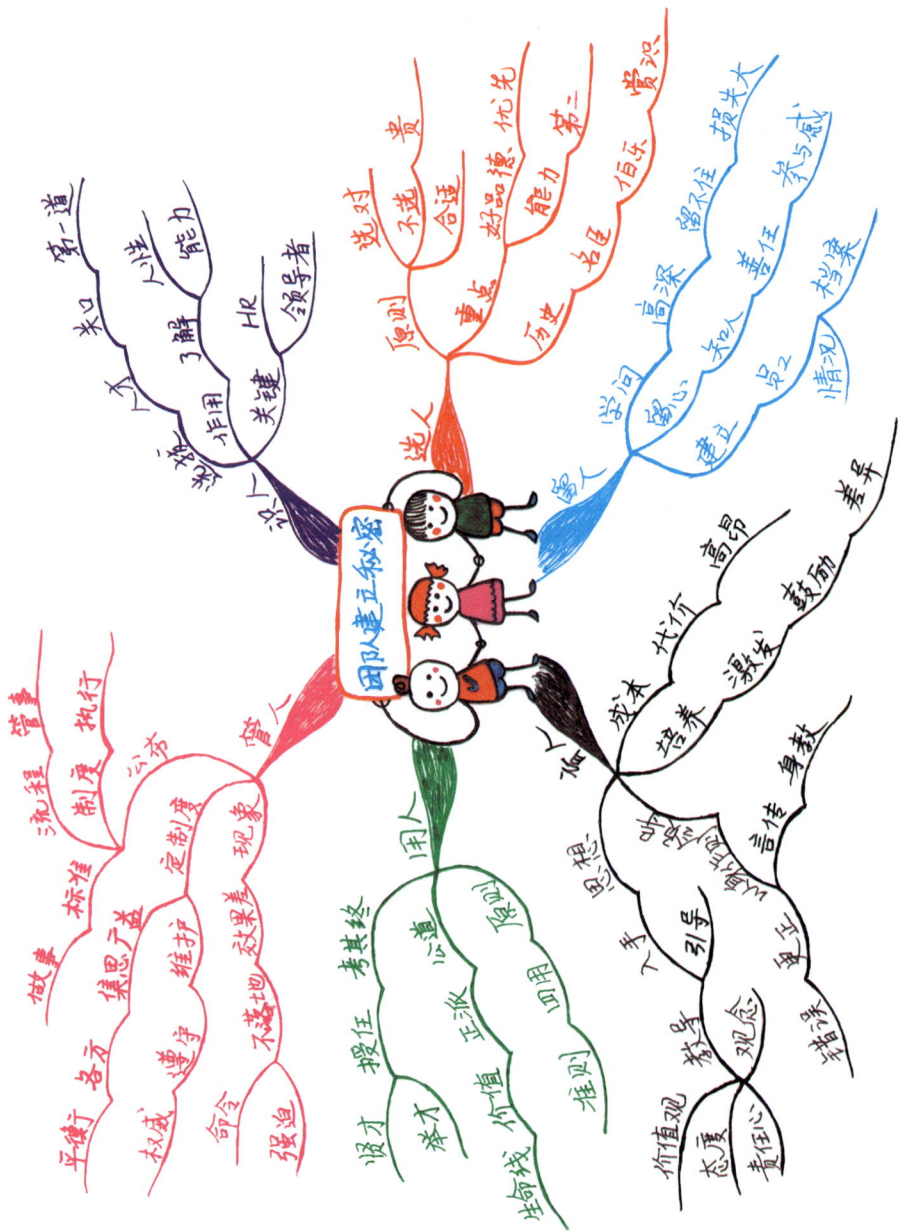

团队建立秘密

选人
- 选对
  - 不速
  - 合理
- 重点
  - 好品德、优先
  - 能力 第二
  - 为变 名臣 伯乐 爱戏

留人
- 学习
  - 高深
  - 够不住 跟长大
- 知心
  - 建立 信任 养习惯
  - 另2 情况

容人
- HR
- 领导者
- 了解
  - 人性 能力
- 关键
  - 第一道
  - 亲切
  - 作用
- 识人

管事
- 流程 标准
  - 故事 各方 集思广益 程序
  - 平衡 共成 遵守 命令 不落地 起草案 强迫
- 制度 执行
  - 公平
  - 定制度 现象

用人
- 考其终
  - 提拔 提任
  - 正派
  - 心道
  - 限用 叫用
  - 潜力 华才 价值 生命线 价值 准则

服人
- 成本 代价 高冷
  - 合作 身教
  - 思想 引导 鼓励
  - 下手 引导 矫正 差异
  - 教导 观念
  - 价值观 态度 责任心 课课 考核课

MIND MAP

## 第三节
## 高效管理工作质量

　　我刚开始进入职场的时候，作为一职场新人，什么事情都想做到最好，为了显露一下自己的才能和实力，希望尽快得到同事的认可，通过自己的努力给公司谈成了几笔大的年度培训合同后，我的信心自然是爆棚了，觉得自己的业务能力不比公司老的员工差，每天自我感觉挺好，就是因为这样，便渐渐丢掉了一个初入职场人该有的谦逊，慢慢丢掉了自己空杯的心态，不知不觉中让自己因为一点点的成就就开始自高自大的迷失，认不清自己目前所处的地位。这样的状态当然也影响到了身边的同事，很多同事开始对我敬而远之。如果没有什么事情，我除了维护好自己那几笔大的年度培训合同后，基本上就不参与公司的任何事情了，就算是参与一些事情，也是心不在焉的状态，有好几次都把本来要完结的事情搞得乱七八糟，弄得一群老员工对我很是排斥，我也差点就离职了。

　　看着我这样的状态，我的老板张建祥先生看在眼里，急在心里，跟我畅谈过两次，希望我能改变一下自己做事情的态度，保证参与工作的质量。也许是老板看我谈话的态度还算诚恳，最后顶着很大的压力，留下了我，还给我申请到"高效工作训练营"在上海的学习名额。正是在这次训练营中，我接触到了一套高效的工作质量管理法——PDCA循环法，改变了我对工作的态度，在后来的工作中，我遵循PDCA循环法，大大提升了我的工作质量和事务管理的效能。今天，我把这一循环法分享给大家，也希望大家学会并严格遵循这一高效的工作质量和事务管理的方法，提高自己工作质量的效能和个人工作的效能。

PDCA循环是美国质量管理专家休哈特博士首先提出的，由戴明采纳、宣传，由此获得普及，所以又称戴明环。如果一个人或者企业要全面做好工作及其他质量管理，那么其思想基础和方法依据就是PDCA循环。PDCA循环是将质量管理分为四个阶段，即计划、执行、检查、处理。在质量管理活动中，要求把各项工作按照此循环做出计划、计划实施、检查实施效果，然后将成功的纳入标准，不成功的留待下一循环去解决。

PDCA是英语单词Plan（计划）、Do（执行）、Check（检查）和Act（处理）的第一个字母，PDCA循环就是按照这样的顺序进行质量管理，并且循环不止地进行下去的科学程序。

第一步：Plan（计划）。根据顾客的要求和组织的方针，为提供结果建立必要的目标和过程。这一过程需要从四个方面入手：

1.选择目标，分析现状，找出问题。强调的是对现状的把握和发现问题的意识、能力，发现问题是解决问题的第一步，是分析问题的条件。

2.订目标，分析问题产生的原因。找准问题后分析问题产生的原因至关重要，运用头脑风暴法等多种集思广益的科学方法，把导致问题产生的所有原因统统找出来。

3.做出各种方案并确定最佳方案，区分主因和次因是有效解决问题的关键。

4.拟订措施，制订计划。有了好的方案，其中的细节也不能忽视，计划的内容如何完成好，需要将方案步骤具体化，逐一制订对策，明确回答出方案中的"5W1H"。

第二步：Do（执行）。按照预定的计划、标准，根据已知的内外部信息，设计出具体的行动方法、方案，进行布局。再根据设计方案和布局，进行具体操作，努力实现预期目标。在这一阶段除了按计划和方案实施外，还必须要对过程进行测量，确保工作能够按计划进度实施。同时建立起数据采集，收集过程的原始记录和数据等项目文档。

第三步：Check（检查）。确认实施方案是否达到了目标。使用采集的数据来检查效果，确认目标是否完成。若是未出现预期目标，首先应确认是否有严格按照计划实施对策，若是有严格按照计划执行，则说明对策失效，需要重新确定最佳方案。

第四步：Act（处理）。处理分为两个方面：

1.标准化，固定成绩。对已被证明的有成效的措施，要进行标准化，制订成工作标准，以便以后的执行和推广。

2.问题总结，处理遗留问题。所有问题不可能在一个PDCA循环中全部解决，遗留的问题会自动转入下一个PDCA循环，如此，周而复始，螺旋上升。

PDCA循环法可以使我们的思想方法和工作步骤更加条理化、系统化、图像化和科学化，这四化是由PDCA循环法的这两个特点所决定的。

1.大环套小环，小环保大环，推动大循环。如果把整个团队或者企业的工作作为一个大的PDCA循环，那么各个人、部门、小组都有各自小的戴明循环，就像一个行星轮系一样，大环带动小环，一级带一级，有机地构成一个运转的体系。

2.不断提升，阶梯式上升。PDCA循环不是在同一水平上循环，每循环一次，就解决一部分问题，取得一部分成果，工作就前进一步，水平就提高一步。到了下一次循环，又有了新的目标和内容，更上一层楼。

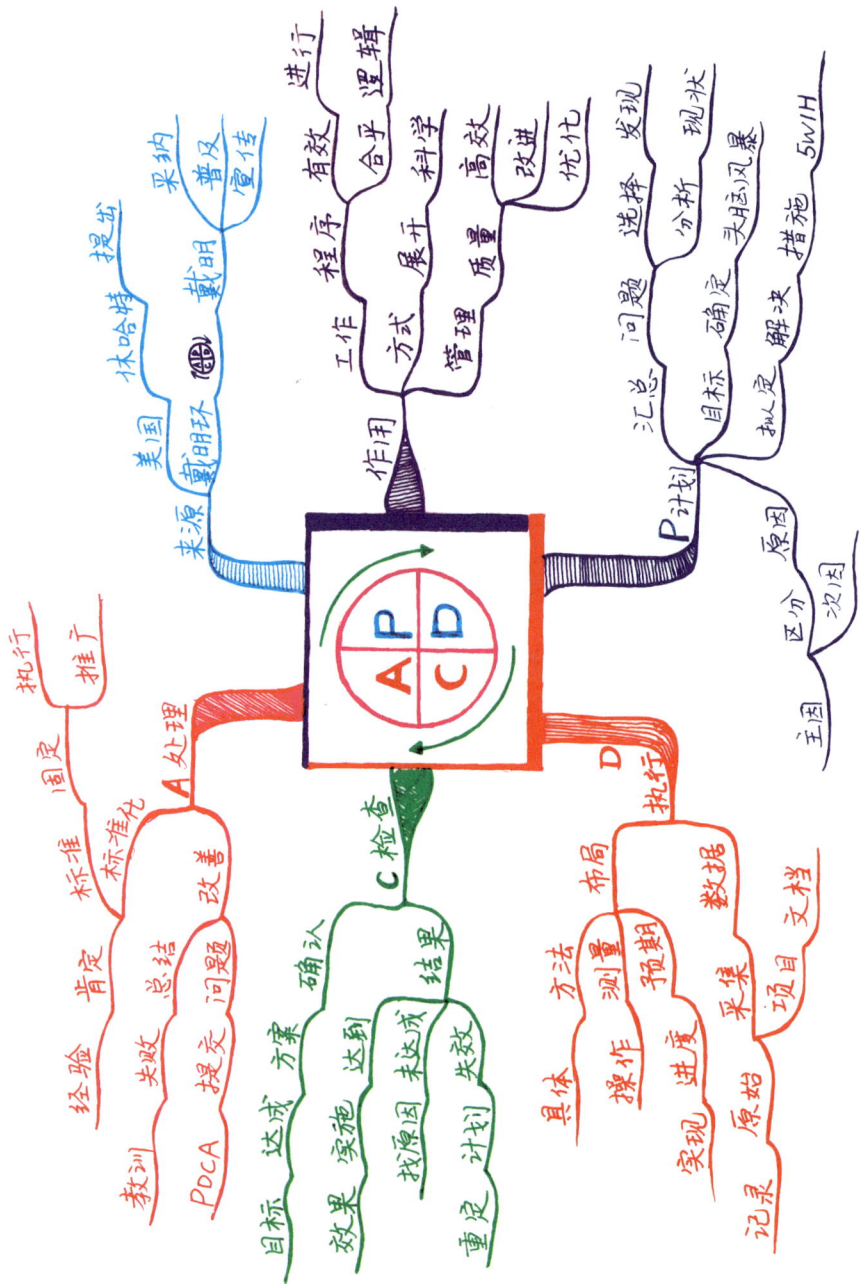

作用
- 工作
  - 程序
  - 方式
    - 进行
  - 展开
    - 有效
    - 合平
  - 管理
    - 逻辑
    - 科学
  - 质量
    - 高效
    - 改进
    - 优化

来源
- 美国
  - 休哈特
    - 提出
  - 戴明
    - 采纳
    - 普及
    - 宣传
  - 戴明环（PDCA）
    - 证明

P计划
- 汇总
- 问题
  - 选择
  - 发现
  - 现状
- 目标
  - 确定
  - 分析
- 批准
  - 头脑风暴
  - 解决
    - 措施
    - 5W1H

原因
- 区分
  - 主因
  - 次因

A处理
- 执行
  - 推广
- 固定
  - 标准
  - 标准化
- 改善
  - 肯定
    - 经验
    - 教训
  - 总结
    - 失败
    - PDCA
  - 问题
    - 提交

C检查
- 确认
  - 方案
  - 达成
    - 目标
    - 效果
  - 实施
    - 达到
    - 找原因
- 结果
  - 未达成
    - 失效
    - 计划
    - 重设

D执行
- 布局
  - 方法
    - 具体
    - 操作
  - 测量
    - 进度
    - 实现
  - 预期
    - 采集
    - 原始
- 数据
  - 采集
  - 项目文档
    - 记录

# MIND MAP

## 第四节
## 职场晋升完美方略

如果今天的你将要进入职场或者进入职场不久，想要在职场上快速晋升，成就自己，首先你必须要对工作有足够的敬畏，保持一个完美的职业形象，一个完美的职业形象会让自己"看起来像一个领导者"，那么你自然而然就会晋升成一个领导者。我以前的老师在我还没有走上讲台亲自授课的时候，他总是告诉我一句话：假装做到，好像是。每次在台下倾听别人的演讲时，我就想象着台上那个讲话流利、滔滔不绝、言之有理、言之有物的人是我。久而久之，我的潜意识里面我就成为了一个优秀的老师。当然，要成为一个优秀的老师，光这样子想象是没有用的，还必须努力学习，用知识充实武装自己的头脑才可以。用西方的一个谚语来讲就是：你可以先装扮成"那个样子"，直到你努力成为"那个样子"！在你努力成为"那个样子"的过程中，不仅仅是你外表、谈吐和举止都要像个领导者，而且有很多特质，这些特质是看不见摸不着的，但它们却是晋升的根本，这些特质包括这几个方面：

1.销售自己。在现在这个全员销售的时代里，销售自己成为每个职场人士必须具备的能力。这里的销售并不是让你去推销公司的产品让顾客购买，而是在工作中尽力把自己的能力和才华展现给上司和同事，让他们从心底里认同你。如果你不懂得如何销售自己，就算你才华盖世，却不懂得如何推销展示自己的才华，就犹如埋在地下的钻石，没有人挖掘，最终还是没有人欣赏到你耀眼的夺目光芒。

2.不断学习，提升价值。2001年刚进入公司的第一天，我的老板就跟我讲一句话：在职场上，三天不读书，不如一只猪。在走上讲台的那一天，我终于明白了这句话的含义。在这个知识资讯每天都不断翻新创造的时代，通过不断学习新的知识、技能等，提升自己的价值，就能为公司创造更大的价值。一个人如果不善于学习，甚至不学习，自身就会很快贬值。当自身的价值落后于公司或者时代所期望于你的价值，就只有被淘汰的命运，终被公司抛弃。所以我经常在职场训练课上跟学员们讲两句话，第一句话：你在企业能待多久，取决于你有没有每天持续提升自己的价值；第二句话：员工不应该把企业当成家，只有老板才会把企业当成家，因为老板还有另外一个名字——企业家。

3.积极进取。积极是笑对人生酸甜苦辣的一种乐观态度，进取则是代表着对未来有勇于开拓的精神。试想一下，有这样的两种员工：一种是做一天和尚撞一天钟，另一种则是拥有乐观的态度，勇于进取的精神，不断创造业绩，如果你是老板或者团队的领导，你喜欢哪一种员工？毫无疑问，是后一种。后一种员工，老板或者团队领导将视他为"人财"。因为公司或者团队拥有"人财"不但可以激发团队的潜能，还可以提升公司或者团队的价值。这样的"人财"谁不爱？

4.积极分担。对于一个优秀的职场人士来说，积极做事，做对事，做好事不仅仅体现在本职工作上，也体现为愿意接受额外的工作，能够为公司或者领导分忧解难，有些时候，额外的工作对公司或者团队及领导来说，往往是紧急而重要的，主动尽心尽力地完成，对自己来说也是一种锻炼，还可以收获宝贵的经验，这些经验会不断地充实自己，让自己在晋升之时，赢得宝贵的砝码。在我多年的课程训练中，见过许多形形色色的人，其中有两种人印象最为深刻：一种人是只做上级交代的事情，还有一种人是做不好上级交代事情。这两种人在现在的职场中，都只能是在卑微的工作岗位上耗费自己的时光，而毫无建树成就。

5.低调做人。民间有句谚语："低头的是稻穗，昂头的是稗子。"越成熟越饱满的稻穗，头垂得越低。只有那些稗子，才会显摆招摇，始终把头抬得老高。在职场上，低调做人，与人和谐相处，是一种品格，一种风度，一种智慧，是做职场人的最佳姿态，只有真正成熟的人才能做到这一点。无论从事什么职业，只有低下头，全心全意，尽职尽责地工作，才能在自己的领域里出类拔萃。

6.高调做事。高调做事，其实就是在做事的时候乐于沟通。我这里讲一个真实的事情，一次我在一家企业讲完"如何运用图像有效沟通"的培训课后，一个员工找到我，跟我讲述了自己的苦恼。这家企业是他毕业后选择的第一份工作，为了好好地工作，每天全力以赴，三年来一直兢兢业业，累死累活，但别人好像都没有发现，尤其是自己的领导，似乎从来没有表扬过自己。听着他的倾诉，我知道，在职场中，有这样苦恼的职场人并不只有他一个，原因很简单，就是做事太低调了，没有跟同事、领导或者老板积极地沟通。在职场中，低调做人是智慧，但低调做事一定是傻瓜。最后我告诉他，从今天开始，低调做人，高调做事，每做完一项工作都要主动跟同事、老板或者领导积极沟通，如果有需要，甚至可以让领导提出需要修正的意见。否则的话，做得再多，做得再好都没有用，有些时候，因为你没有高调地做事，让老板知道你做了什么，你所工作创造的成绩只会成为别人晋升的资本，而你还不会得到应有的奖赏。

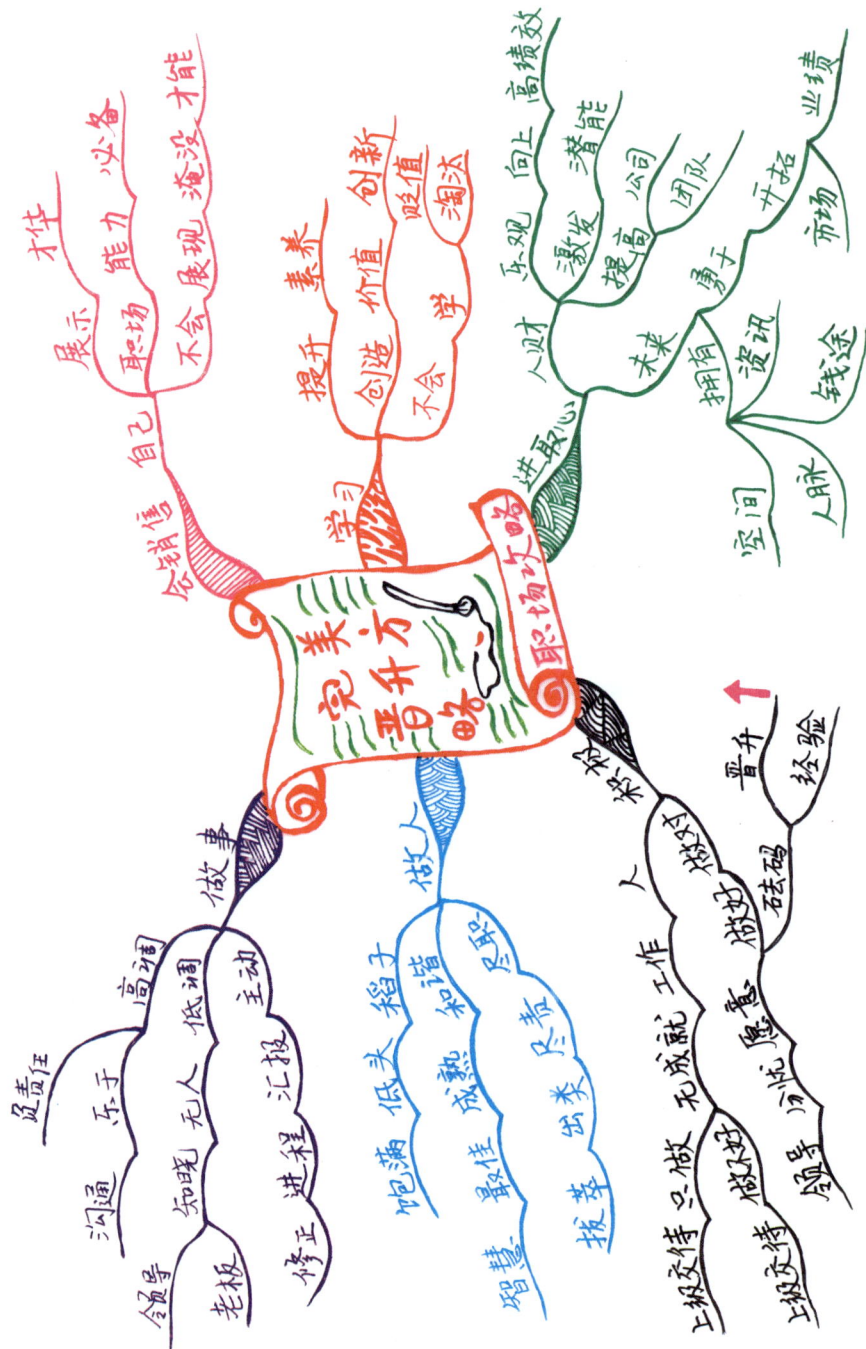

# 第七章
# 做个真正的职场人士

# MIND MAP

## 第一节
## 管控自己的时间

　　世界上最公平的就是时间，我们每个人每天的时间都是完全一样的，不同之处在于我们如何去支配它们，进入职场以后，很多时候往往有机会去很好地计划和完成一件事，但常常却又没有及时地去做，随着时间的推移，需要处理的事情越来越多，造成工作效率严重下降，给自己的职场发展带来严重的阻碍。因此，如何科学管理自己的时间并有效地利用变得非常重要，2017年7月，我们机构邀请了台湾的一位老师上一个内训课，讲的是GTD时间管理法，操作非常简单，按照步骤去做就能掌握。

　　GTD时间管理法来自David Allen的一本畅销书*Getting Things Done*，在我们国内出版了中文翻译本，名字叫《搞定：无压工作的艺术》。因此很多人把*Getting Things Done*（完成每一件事）缩写成GTD。

　　GTD的具体做法可以分成收集、整理、组织、回顾与行动五个步骤：

　　1.收集。就是将你能够想到的所有的未尽事宜（GTD中称为stuff）统统罗列出来，放入inbox中，这个inbox既可以是用来放置各种实物的实际的文件夹或者篮子，也可以是用来记录各种事项的纸张或PDA。收集的关键在于把一切赶出你的大脑，记录下所有的工作。

2.整理。将stuff放入inbox之后，就需要定期或不定期地进行整理，清空inbox。将这些stuff按是否可以付诸行动进行区分整理，对于不能付诸行动的内容，可以进一步分为参考资料、日后可能需要处理的垃圾，而对可行动的内容再考虑是否可在两分钟内完成，如果可以则立即行动完成它，如果不行再对下一步行动进行组织。

3.组织。组织是GTD时间管理中最核心的一环，组织就是建立清单，将收集箱的事务分门别类。书中Allen描述了一个建议的列表集合，可以用来跟踪需要关注的事项。

4.下一步行动（Next actions）。对于每个需要你关注的事项，定好什么是你可以实际采取的下一步行动。

5.项目（Projects）。每个需要多于一个实际行动才能达到的生活或者工作中的"开放式回路"就是一个"项目"，使用跟踪以及周期性的回顾来确保每个项目都有一个下一步的行动进行下去。

6.等待（Waiting for）。当你已经指派了一个事项给其他人或者在项目进行下去之前需要等待外部的事件，就应当在你的系统当中跟踪以及定期检查是否已经可以采取行动或者需要发出一个提醒。

7.将来/可能（Someday/Maybe）。这些事情你需要在某个点去做，但是不是马上。对于跟踪你的预约和委托，一个日历也是重要的。另外，Allen特别推荐日历应该被用在他所谓的"硬工程"上：必须在某个特定的期限之前完成的事情，或者在约定的时间和地点完成的会议和约会；"待办"事项应该用在下一步行动列表当中。

8.归档系统。*Getting Things Done*书里说如果要用一个归档系统，那它必须得是简单易用和有趣的。即使是一张纸，如果你需要用来记录参考信息，如果不属于你已经有的一个目录，也要有自己的文件组织方式。我的建议是你可以维护一个按照字母顺序组织的归档系统，这样可以比较快速地存储和提取你所想要的信息。

9.回顾。回顾也是GTD中的一个重要步骤，一般需要每周进行回顾与检查，通过回顾及检查你的所有清单并进行更新，可以确保GTD系统的运作，而且在回顾的同时可能还需要进行未来一周的计划工作。

10.执行。现在你可以按照每份清单开始行动了，在具体行动中可能会需要根据所处的环境、时间的多少、精力情况以及重要性来选择清单以及清单上的事项来行动。

以上步骤运用起来非常方便，GTD时间管理就像时间管理机器，利用GTD时间计划管理工作，在运用中不断完善，自己的工作效能会大大地提升。

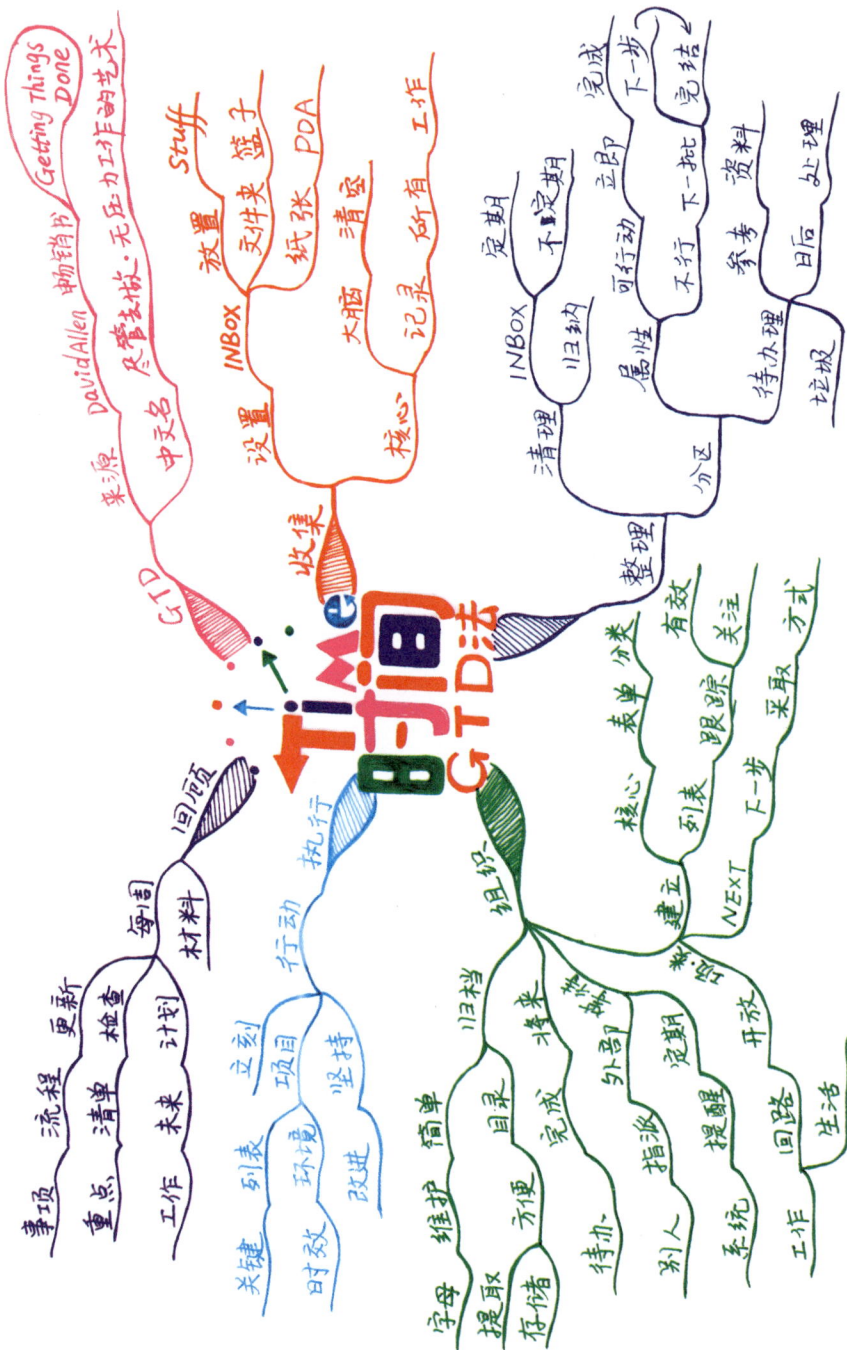

# TIME 时间 GTD法

**GTD**
- 来源
  - David Allen 物销的
  - 中文名 尽管去做·无压力工作的艺术
  - Getting Things Done
- Stuff

**收集**
- 设置
  - 放置
  - INBox
    - 支件夹 篮子
    - 纸张
    - PDA
  - 清空
- 核心
  - 大脑
  - 记录 所有 工作

**整理**
- INBOX
  - 定期
  - 不定期
  - 123如内
- 清理
- 分区
  - 属性
  - 可行动
    - 立即
    - 下一步
    - 不行
    - 下一批
  - 参考 资料
  - 完成 完结
  - 待办理
    - 论坛
    - 日后 处理

**分类**
- 表单 列表
- 有效
  - 跟踪
- 关注
- 核心
- 采取 方式
- NEXT 下一步
- 建立

**组织**
- 123类
- 将来
- 核心
  - 外部
  - 指派 别人
  - 定期 提醒
- 待办
- 完成
- 系统
  - 工作
  - 回路
  - 生活
- 目录
  - 形便
- 简单
  - 维护
  - 守备
  - 提取
  - 存储

**行动 执行**
- 坚持
- 项目
- 立刻
- 引表
  - 关键
  - 时刻
- 环境 改进

**回顾**
- 材料
- 每周
  - 计划
  - 未来
  - 工作
- 检查
  - 重点
  - 清单
- 流程
  - 事项
- 更新

# MIND MAP

## 第二节
## 保持最佳的工作状态

　　2018年职业成长平台脉脉在上海发布了《职场人别慌——中国职场生存压力详解2018》的报告。报告显示，工作1年以内、5年以上的人压力指数最高；工作1~3年的压力指数最低。工作1年以内的职场新人中有93%的人受到脑力不足、注意力不集中，记忆力减退等影响；60%的人有过抑郁；53%的人表现出狂躁症状。其中有人感受到难以承受的工作压力，并出现了明显的心理反应，直接选择了死亡。就在我写这本书的过程中，在2019年11月21日，北京丰台区一位刚刚从人大毕业的24岁女研究生就因为工作压力过大，导致心情不好，还没来得及得到帮助和疏导，年纪轻轻得就结束了自己的生命，导致白发人送黑发人的悲剧。

　　在今天这个市场、职位晋升等方面竞争越来越激烈的职场中，如何疏导自己的工作压力，调整自己的心态，让自己在工作中保持最佳的工作状态，对今天的每一个职场人士来说都是一个必须考虑的问题。如何舒缓职场压力，拥有一个积极健康的心态，保持最佳的工作状态呢？在此可以给大家几点的建议：

1.运动。运动解压，这是一个非常合理的解决方式。据脉脉发布的《职场人别慌——中国职场生存压力详解2018》统计，有46.43%的人选择通过运动健身来缓解压力。每天抽出时间做30分钟左右的有氧运动，可以有效地舒缓工作中的压力，因为运动会增加多巴胺。多巴胺被称为"快乐因子"，能够让人感到愉悦。同时，运动过后微微出汗也会让人有放松的感觉。

2.静坐冥想。静坐冥想是从古代就有的方法，中国古代道家养身气功以及佛家的功法都有提及。所谓静坐冥想法，就是在意识十分清醒的状态下停止意识对外的一切活动，达到"忘我"的一种快速提升注意力的心灵净化体操。每天找一个空旷无人打扰的地方，用上5~10分钟，放上一段冥想音乐，感受一下大自然的声音，可以让一个情绪焦躁的人平静下来，释放身心压力。

3.催眠。找一个舒服的姿势坐着或者躺着，做几个深呼吸，放上一段专门舒缓压力、保持最佳身心状态的催眠音频，让催眠音乐缓缓流进体内，深呼吸，放松全身的肌肉，消除大脑的紧张，配合着音频的提示，一步一步慢慢进入一种忘我的境界，当催眠结束后，你会感到舒适且内心宁静。一般30分钟的催眠就可以让大脑清新，心旷神怡，心平气和，真我复原。我们也把催眠叫作"音乐浴"。

4.学会幽默。在充满压力的职场上，一个人如果拥有充分的幽默感来面对工作中出现的难题，那他就拥有了制造快乐、平衡心态、宣泄积郁的良方。美国电影《阿甘正传》中，先天智障的小镇男孩福瑞斯特·甘自强不息，最终得到上天眷顾，在多个领域创造奇迹。当我们遇到挫折的时候，不妨用"吃亏是福""有失有得""傻人有傻福"这样来幽默一下自己，你就会冷静地看待面对的一切困扰，不良的情绪就会得到淡化、减轻和疏导。

5.旅游。职场人每天都被困扰在钢筋水泥筑造的冰冷森林里，面对工作、家庭、孩子教育等各个方面的压力，压得无数人喘不过气来，这个时候，为了保持一个良好的状态来面对生活和工作，有时候真的需要放松一下，给自己一个假期，让自己或者带上家人来一趟说走就走的旅程，放松自己，在旅游中得到自己想要的娱乐和快乐，认识一些新的朋友，这些旅途中的收获会让整个人的心态和状态得到改变。如果幸运的话，可以找一个让心灵暂时出逃的地方修行一下，在修行的时候所有过往的积郁负重慢慢放下，让心灵得到洗礼。当你再回到职场的时候，迎接你的将又是一片生机勃勃的春光。

6.求助心理咨询。如果我前面给出的5条建议都不能有效地让你轻松释放压力，笑看一切，以最佳状态面对工作和生活的一切的话，那就必须求助于专业的人士进行心理咨询了。专业的心理咨询人士会保持中立，会感同身受的从专业的角度帮助你明晰事业与生活目标；准确把握工作与生活的关系；合理协调工作与家庭生活的平衡；掌握健康生活方式的有效途径。并通过一系列的正确引导，让你学会如何应对挫折、增强自信、激发潜能、控制自我情绪状态，提高工作生活的质量。

最后，我用思维导图把以上这些能让我们时刻保持最佳工作状态的内容画出来，希望这张思维导图可以为在职场上努力打拼、遭遇困惑的你，给予帮助和指导。

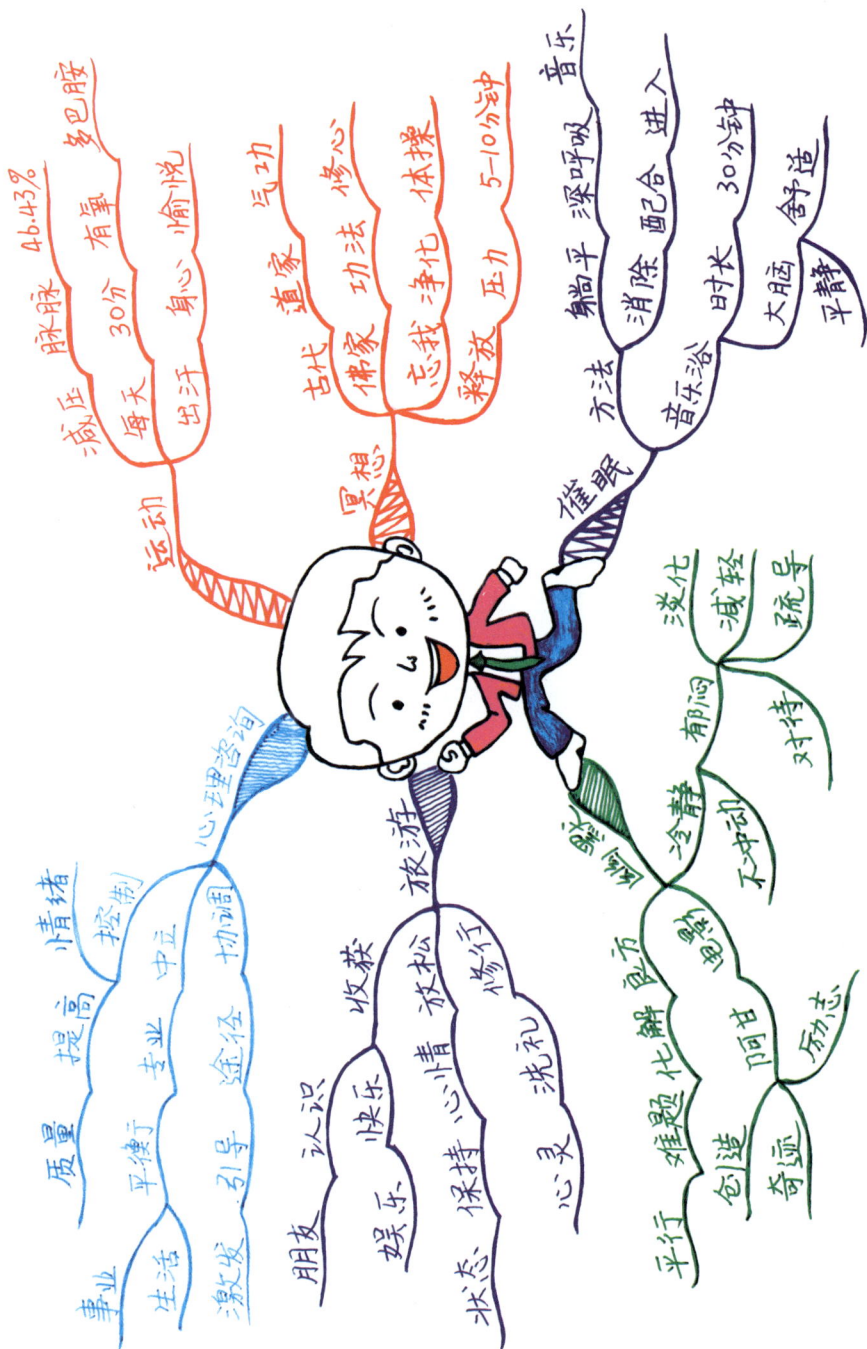

# MIND MAP

## 第三节
## 高效率人士的法则

2008年，从上海回重庆老家过春节，在机场里的书店，我买了史蒂芬·柯维的《高效能人士7个习惯》这本书，借以打发在飞机上2个多小时的无聊时光。书中所讲授的7个习惯，改善了我工作学习的效能。书中强调，现在社会竞争越来越激烈，"效率"这个词已经过时了，大家关心的是"效能"，简单来说，就是既要有效率又要有效果。但现在很多人在工作中是有效率没效果。比如，互联网公司要求员工996工作制，导致很多人不停地加班，但业绩却没有什么变化。

只要你仔细阅读《高效能人士的7个习惯》，它一定会带给你希望，只要让自己培养并拥有这七个习惯，一定可以大幅提升工作学习的效能。可是习惯不是一天两天能养成的，只有熟记书中精髓并执行，通过大量实践才有可能变成习惯，只有变成习惯这本书才能真正对自己产生巨大的帮助。

习惯一：积极主动。积极主动即采取主动，为自己过去、现在和未来的行为负责，并依据原则和价值观，而不是根据情绪和外在环境来下决定。主动积极的人是变革的催生剂，他们放弃被动的受害者的角色，不自卑，不怨怼，发扬人类四项独特的禀赋：自知、良知、想象力和自主意志，积极主动，以由内而外的方式来创造改变。

习惯二：以终为始。所有事物都会经过两次创造，先是在脑海里酝酿，其次才是实质的创造。个人、家庭、团队和组织在做任何计划时，均先拟出愿景和目标，并据此畅想未来，全心专注于自己最重视的原则、价值观、关系及目标之上。领导工作的核心就是在共有的使命、愿景和价值观的基础之上，创造出一种文化。

习惯三：要事第一。要事即实质的创造，是梦想（你的目标、愿景、价值观及要事处理顺序）的组织和时间。次要的事不必摆在第一，要事也不能放在第二。无论迫切性如何，个人及组织均针对要事而来，重点是，把要事放在第一顺位。

习惯四：双赢思维。双赢思维是一种基于互敬、寻求互惠的思考框架与心意，目的是争取更丰盛的机会、财富及资源，而不是你死我活的敌对竞争。双赢既非损人利己（赢输），亦非损己利人（输赢）。工作伙伴或家庭成员则更要从互赖式的角度来思考问题（"我们"而非"我"）。双赢思维鼓励我们解决问题的同时，还要求协助对方找到互惠的解决方法，是一种资讯、力量、认可及报酬的分享。

习惯五：知彼解己。当我们舍弃焦躁心，改以同情心去聆听别人，便能开启真正的沟通，增进彼此的了解。对方获得了解后，会觉得受到尊重和认可，进而卸下心防，坦诚面对，双方相互的了解也就更加顺畅自然。知彼需要仁慈心，知己需要勇气，能平衡，则可大幅提升沟通的效率。

习惯六：统合综效。统合综效谈的是创造第三种选择，既非按照我的方式，亦非遵循你的方式，而是采取远胜过个人之见的第三种方案。这是互相尊重的成果——不但是彼此理解，甚至是称许、欣赏对方解决问题及掌握机会的智慧。个人的力量是团队和家庭统合综效的基础，能使整体获得1+1>2的成效。实践统合综效的人际关系和团队会扬弃敌对的态度（1+1=1/2），不以妥协为目标（1+1=1或1/2），也不仅止于合作（1+1=2），追求的是创造式的合作（1+1=3或更多）。

习惯七：不断更新。不断更新谈的是，如何在四个生活面向（生理、社会、情感、心智及心灵）中，不断更新自己，这个习惯提升了其他六个习惯的实施效率。对个人及组织而言，不断地更新及不断地改善，使之不致呈现老化及疲态，并迈向新的成长路径。

仔细研读这本书，你会发现前三个有关个人成功的习惯，可以大幅度提高自信，更能认清自己的本质、内心深处的价值观、个人独特的才干与能耐。第四至第六种习惯，能够重建以往恶化甚至断绝了的人际关系，原本不错的交情则更为稳固。第七种习惯可加强前面的六个习惯，时时为你充电，一步步地达到真正的独立与成功。

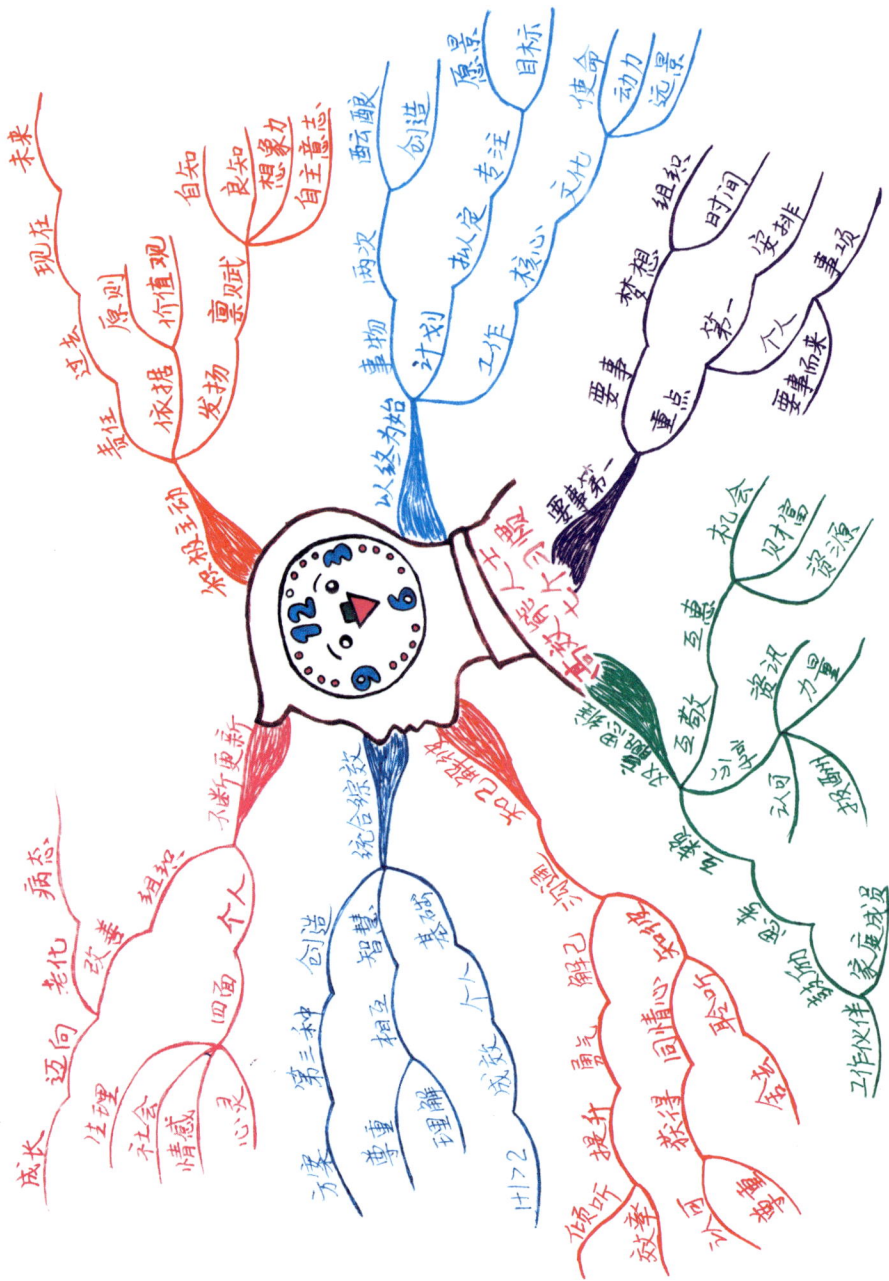

CHAPTER 3

# 第八章
## 超越自己的梦想

# MIND MAP

## 第一节
## 设计自己的人生

　　这个世界上只有三件事，自己的事，别人的事，上帝的事。对于每一位在职场上打拼的人来讲，职业发展就是自己的事。在这个物竞天择，适者生存的职场上，要想在这场激烈的竞争中脱颖而出并保持立于不败之地，必须设计好自己的人生之路。为了提升学生们毕业后的职业竞争力，许多学校开设了相关的课程或是专题报告与讲座。我本人也到很多所高校和企业去讲过和听过，但在讲课和听讲座的过程中，我发现不少学校毕业生听完课或者讲座后根本都没有真正理解设计人生之路的确切含义，对设计人生之路的重要意义理解太过于肤浅，对于设计人生之路的程序往往一知半解，缺乏进行设计的具体技巧，最后讲座或者课程结束后，真正会去设计自己人生规划，并反馈给老师的同学连百分之一都不到。所以不少学生甚至职场人士面对就业的压力，往往不顾主客观条件任意随自己的兴致来"设计"，对设计自己的人生规划流于形式。

　　2018年，我看过由中信出版社出版的一本苹果公司明星设计师、斯坦福大学人生实验室创始人比尔·博内特、戴夫·伊万斯共同创作的《斯坦福大学人生设计课》。这本《斯坦福大学人生设计课》，脱胎于斯坦福大学备受欢迎的人生设计课，博内特教授和伊万斯教授认为，人生并不存在完美规划，正如设计师不会一味"思考"未来而是主动去创造未来一样。在设计人生的过程中，你需要利用设计思维模式，了解自己究竟想要什么、想要成为什么样的人，以及如何拥有自己理想中的生活。通过比如"健康、工作、娱乐、爱"的仪表盘自查，反思自己的人生观和工作观，记录"美好时光日志"，制订"奥德赛计划"，寻找人生导师等，找到自己的生活目标，集中精力，为自己创造更多的可能性，大胆尝试，这样才有可能改变命运。《斯坦福大学人生设计课》提出在人生设计的过程中至少要通过这五个核心方面来体现，它们分别是：

1.保持好奇。激发你的探索欲，发现自己的兴趣所在。

2.不断尝试。将目标付诸行动，不断尝试，切忌空想。

3.重新定义问题。重新审视目前的状况，转换思维模式。

4.保持专注。学会放手，专注于过程。

5.深度合作。与他人合作，适度求助。

现在，我们就根据这五个方面来设计自己人生，对自己的兴趣、爱好、能力、特点进行综合分析与权衡，结合专业特点，根据自己的职业倾向，确定其最佳的职业奋斗目标，并为实现这一目标做出行之有效的设计，设计好了以后，用思维导图画出来，随时给予自己勉励和激励。

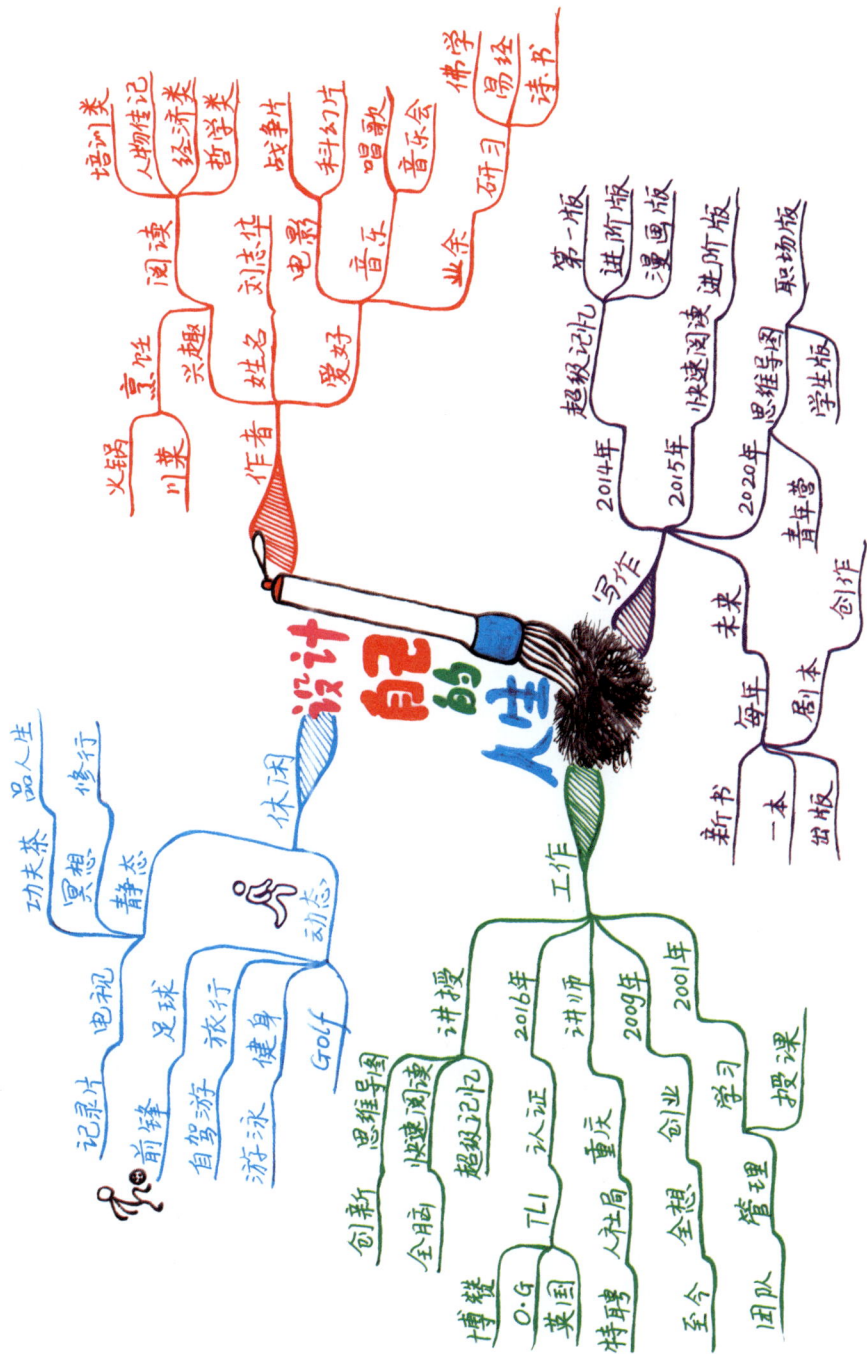

设计自己的人生

# MIND MAP

## 第二节
## 打造个人品牌

　　学过传播学的人都知道，任何人和事都需要宣传才会被更多人知道，才会有知名度和品牌效应。这一条，对于将要迈进职场或者已经在职场上打拼了很多年的人同样适用。如果你想要在今后的工作中取得更大的成就，拥有我们前面所讲的和谐愉快的生活，从现在开始，就要像那些著名品牌一样，建立起属于自己强有力的个人品牌。一旦个人品牌建立起来以后，就能从刚开始影响数百人、数千人、数万人到最后数百万、数千万甚至上亿的人，个人品牌影响的人越多，你获取财富的能力就越强。所以我经常在课堂上讲一句话：你的个人品牌就是你的个人身价！

　　那什么叫作个人品牌呢？答案就是：当你成为某一个行业的权威人士，并拥有帮助大家解决问题的能力，只要看到你大家就很信任你，进而相信你的一切，连同你附带或者推荐的产品。那如何才能成功地打造好个人品牌为自己的职场成功打下坚实的基础呢？在这里我结合自己这么多年的亲身经历和体会，给大家一些启示。

　　第一点，找准定位。这是打造个人品牌的第一件事情，找出自己与他人不同的特质或者独有的技能，给自己一个准确的定位，然后沿着这种定位坚定不移、持续不懈地努力下去，建立起权威。比如我给我自己的定位就是：脑力开发导师。但在找自己定位的时候，一定要遵循两个原则：一是定位要简单单一，不要太复杂笼统。看看这些经常出现在大家视野里、被大家所熟知的吴晓波，定位就是财经作家；张艺谋定位就是导演。二是：听得懂。很多的商品广告已经充分利用了这点，比如某一款洗发水就是主打去屑；某一款产品就是主打纯天然，这些定位让观众一看就懂，一听就明了。

第二点，**持续推广**。有人说好的东西不需要宣传，自然会有人买单，这就大错特错了。现在已经不是"酒香不怕巷子深"的时代了，现在已经是"酒香也怕巷子深，好货也怕无人识"的时代。即便是知名大电影公司投资的大制作电影，演员阵容豪华，个个都是自带流量的大牌明星，在上映前导演也照样带着核心演员连日奔波，不断在各大一线城市做电影发布会以及各种推广活动。所以，扩大自己的知名度，用各种正能量的方式把自己定位好的独特价值，不断持续地传播、推广出去，知道你的人越多，你的独特价值就传播得越广，个人品牌建立的速度就越快。比如我自己，会在网络上的各个平台写脑力开发方面的文章、拍视频、跟出版社合作，出版关于脑力开发培训系列书籍等。不做持续的推广，就算世界奢侈品名牌LV、香奈儿，过几年时间，也会变得不那么有名了。

第三点，**爱心诚信**。爱心诚信是中华民族五千年文明中所凝练出来的一种高贵品质及传统美德，也是现代大众所坚守的社会认同。因此定位好你的个人品牌，并不断持续地推广时，你还要坚守爱心和诚信的品质。在一个人所有的品质中，爱心与诚信是与人沟通合作最关键的一条。越是诚实和拥有爱心的人，就会吸引越来越多的跟随者和合作伙伴，这些跟随者和合作伙伴会不断把诚信和有爱心的你，推荐给自己身边的人，这样你的个人品牌就传播得越广。随着口碑不断地提升和发散，你就会拥有更多的选择机会和更多向上发展的机遇。

第四点，善于分享。你吃一个苹果，我吃一个苹果，最后得到的结果是我们都只吃到了单独一种味道的苹果。如果你吃苹果的时候，分我一半，我吃苹果的时候再分你一半，那我们两个人都吃到了两种味道的苹果。为什么会吃到两种味道的苹果？答案很简单：因为分享。在打造个人品牌的时候，一定要学会与别人分享自己的资讯、力量、观念、价值等，你分享得越多，知道的人就越多，影响力就越大。

第五点，合作共赢。2015年有本书非常火，被很多微商和电商当成宝典，这本书就是《微信营销108招》。这本书的作者是两个人，一个叫肖森舟，一个叫李鲆。肖森舟当时是一家电商的CEO，被马云接见3次，在电商和微商界很有知名度。李鲆当时是一家文化公司创始人和出版人，有很多出版资源，就主动联系肖森舟，提出免费帮他出书，两人一拍即合，合著《微信营销108招》这本书，大卖特卖，红透电商界。而毫无粉丝影响力的李鲆也一书成名。就这样，两个人都因为这次合作，赢得了更大的发展空间。

第六点，建立权威。一个人如果能够3年、5年、10年、20年都持续专心做好一件事，他就会成为这方面的专家，成为大家共同热爱的人，愿意共同追随的人，自然地就建立起这方面的权威。因此，在打造个人品牌的过程中，只要权威一旦建立起来，很多人都会被权威所影响。比如现在在某网上有一个著名的男网红，粉丝上千万，只要他一开直播，不管他推荐的是什么，都会有上万人争着去购买他所推荐的产品，更夸张的是有一次他推荐了一款女士口红，直播结束，那家公司的口红在网上也卖断货了。因此，当你建立起了权威，就嫁接了别人对你的信任，当一群人愿意无条件信任你，你的个人品牌就打造成功了。

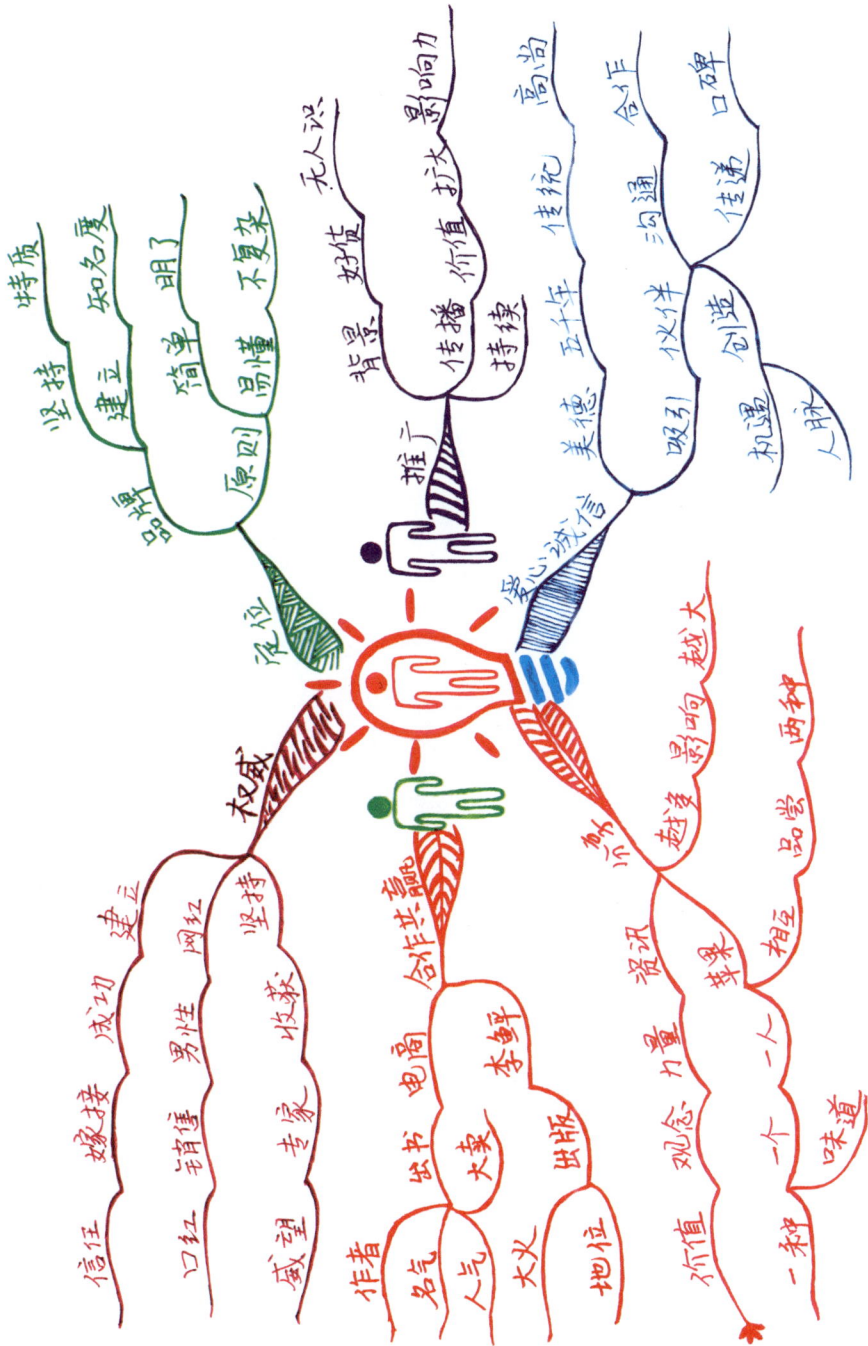

# MIND MAP

## 第三节
## 打造完美人生

中国香港四大才子之一，并有"食神"美称的蔡澜，相信只要看过在中央电视台火爆一时的美食纪录片《舌尖上的中国》的人都不陌生，对，就是他，节目的特邀总顾问，在他身上发生过一个关于完美人生的小故事。

蔡澜有一次去访问一个米其林三星的老厨师，访问结束给老厨师出了个难题，说你可不可以为我煎一颗"完美"的鸡蛋？就煎个蛋而已，可是这个题难在什么地方呢？是因为每个人爱吃的蛋不一样，有人爱吃嫩的，有人爱吃老的，有人爱吃半生不熟的，那怎么煎出一个完美的鸡蛋呢？老厨师想了一想说，好。他拿了个铁板，抹了点橄榄油，在火上烧热了以后。拿到蔡澜面前，打了一个蛋进去，鸡蛋被滚烫的火逐渐煎熟，接着大厨对蔡澜说道："你愿意吃的那一刻，那个鸡蛋就是完美的。"

每个人对"完美的鸡蛋"的看法都不同，但是所谓的完美，取决于你当时的想法。我相信很多人对"完美人生"也有不同的想法，就如同林徽因、陆小曼、张爱玲、蒋碧微，在她们个人的角度上讲，都应该是拥有了完美的人生，而现代人却不这么认为。但作为一个职场人士，要晋升完美人生，用《奇葩说》里面黄执中的话说：完美人生就是无论何时你都有充分的选择权！要想拥有充分的选择权，还必须拥有以下几个方面特质，因为它们是完美人生的基石：

1.身心健康。我们的身体如此宝贵，每个人都必须好好地保护它。世界卫生组织对健康的定义是：没有疾病和身体强壮，而且人的生理和心理状况与社会处于完全适应的完美状态。在这里，身心健康要分身体和心灵这两部分来讲。身体越健康，我们才有充沛的精力，从容不迫地负担起日常生活和繁重的工作。身体健康的四大要素：均衡的营养、充足的睡眠、适量的运动、平衡的心理。一个人只有身体和心灵都健康，才称得上是真正的健康。而现实中，人们只注重身体健康，忽视了心灵健康。拥有健康的心灵，能让我们时刻心平气和，积极进取，拥有自信，并且会正确看待自己，在遇到困难和挫折时不断主动地进行自我调整，调整自己的情绪，优化自己的性格，磨砺自己的意志，学会和谐地与人相处。

2.享受工作。2003年底，美国的一位餐馆侍应生中了有史以来奖额最高的彩票。他在一家餐馆工作超过了20年。当采访者问到他中奖后是否会辞掉工作时，他回答说："当然不会，我还要来这上班，因为我喜欢这份工作。"这件事情被新闻媒体报道了以后，在国内外都引起了很大的反响。我看了这个新闻后很有感触，就把它当成培训案例，在课堂上问过很多学员：如果有一天，你也中500万元的大奖，你还会继续工作吗？最后得到的答案是：90%以上的人都是先兑奖，然后再辞职。先兑奖，再辞职，反映出一个问题：多数人工作仅仅是为了挣钱糊口、获得生活费用，而非兴趣所在。工作是一个人进入职场后天生的权利和义务，每一个人都应该学会从中找到乐趣。如果只是把工作当成养家糊口的工具或者载体，那会让工作变成一种煎熬。只有从工作中找到乐趣，让它变成一件快乐的事，才能享受工作，最后快乐享受人生。

3.成功理财。"你不理财，财不理你"，成功理财是一个人高财商的体现，是一个靠薪水生活的人通往财务自由的必经之路。不过在现在这个浮躁的社会里，很多人都是在为钱工作，而不是让钱为自己工作。为钱工作的人永远不会懂得理财，因此很多人读了很多书和工作了很多年，面对养老、医疗、孩子教育、赡养老人这些问题的时候依然会陷入财务困境。如果你已经树立了理财的意识，那就从现在开始，给自己拟定一份适合自身情况并行之有效的理财计划，积极参与理财管理，多向一些专业的人士请教学习一些理财知识，对自己的工资、奖金、理财收入进行管理，尽可能地积累出丰厚的本金。利用这些本金，掌控好风险，在理财的过程中不断进行调整和提升，以获得财务自由。

4.广结人脉。良好的人脉是一个人事业成功的基础和保证。在职场上，有人脉的人总是最受欢迎的那一位，良好的人际关系，让他不管是在工作还是生活中所承受的压力都比别人小，因此在职场上成功的概率也相对高得多。卡耐基说："一个人的成功，只有15%靠的是专业技能，而85%则靠得是人际关系和他为人处世的能力。"党的十八大报告首次以24个字概括了社会主义核心价值观，其中的"和谐"二字就是让每一个人重视人际关系，人与人之间和睦相处，与人为善，这些都会为你的人际关系打下坚实的基础。

5.幸福家庭。美国一家调查中心在全国25个州的48家杂志上刊登了这样一条消息："如果你生活在一个幸福的家庭里，请与我们联系。我们知道许多家庭不幸的原因，但我们更想了解家庭幸福的表现。"很快，他们收到了3000多封回信。并按这些回信的答案，总结出幸福家庭的标准。其实这些标准我们国家早就总结出来了。在2011年8月28日，国家人口计生委在重庆结束的"创建幸福家庭活动"试点工作座谈会上，将幸福定义成了五个要素——文明、健康、优生、致富、奉献。在此会上，第十届全国政协副主席、中国人口福利基金会会长王忠禹表示，幸福本身是一种感受，不容易量化。但是，一个幸福的家庭，应该具备"文明、健康、优生、致富、奉献"这五大基本条件。拥有这五大基本条件的家庭可以让每一个家庭成员得到归属感、支持感、信任感和舒畅感。

6. 休闲旅游。这条应该分成两个方面来讲。第一方面讲旅游，什么叫旅游呢？网络上有句话非常形象：就是从你住腻的地方到别人住腻了的地方进行观光游览的过程。在游览以及观光中感受到各地的优美景观和人文风情，开阔眼界和提升自身的人文素养。第二方面讲休闲，那什么叫休闲呢？我认为应该是指在不工作时间内以各种科学文明尽兴的方式求得身心的调节与放松，达到生命保健、体能恢复、身心愉悦的目的的一种生活方式。旅游是旅行和游玩的结合，而休闲则讲究的是心灵的休憩。旅游有目的性，而休闲是随意的，是达到财富自由后的随性而为。如果能做到休闲的旅游，对智能、体能的调节和生理、心理机能的修养都是高层次的提升，心灵会变得更加富足。

7. 终身学习。常言道："活到老，学到老"。最近我翻看朋友圈，学习到一句话：世界正在奖励终身学习的人。在这个飞速发展的时代，各种新知识、新技术以前所未有的速度不断更新，如果我们还停留在不学习、不提升自己，抱着自己仅有的从大学学到的一些知识和得到的一张文凭去适应职场和社会，相信你很快就会被淘汰。不要怀疑我这句话，不相信，你去你身边的银行看一看，一个简单的AI智能机器人加一套智能系统，就把很多银行工作人员的工作岗位代替了。

学习就是给自己的最好投资，一个终身善于学习、提升自己的人，做到儒家经典《礼记·大学》里讲的"苟日新，日日新，又日新"，不管是从生理还是心理来讲，一切都会丰盛和富足。

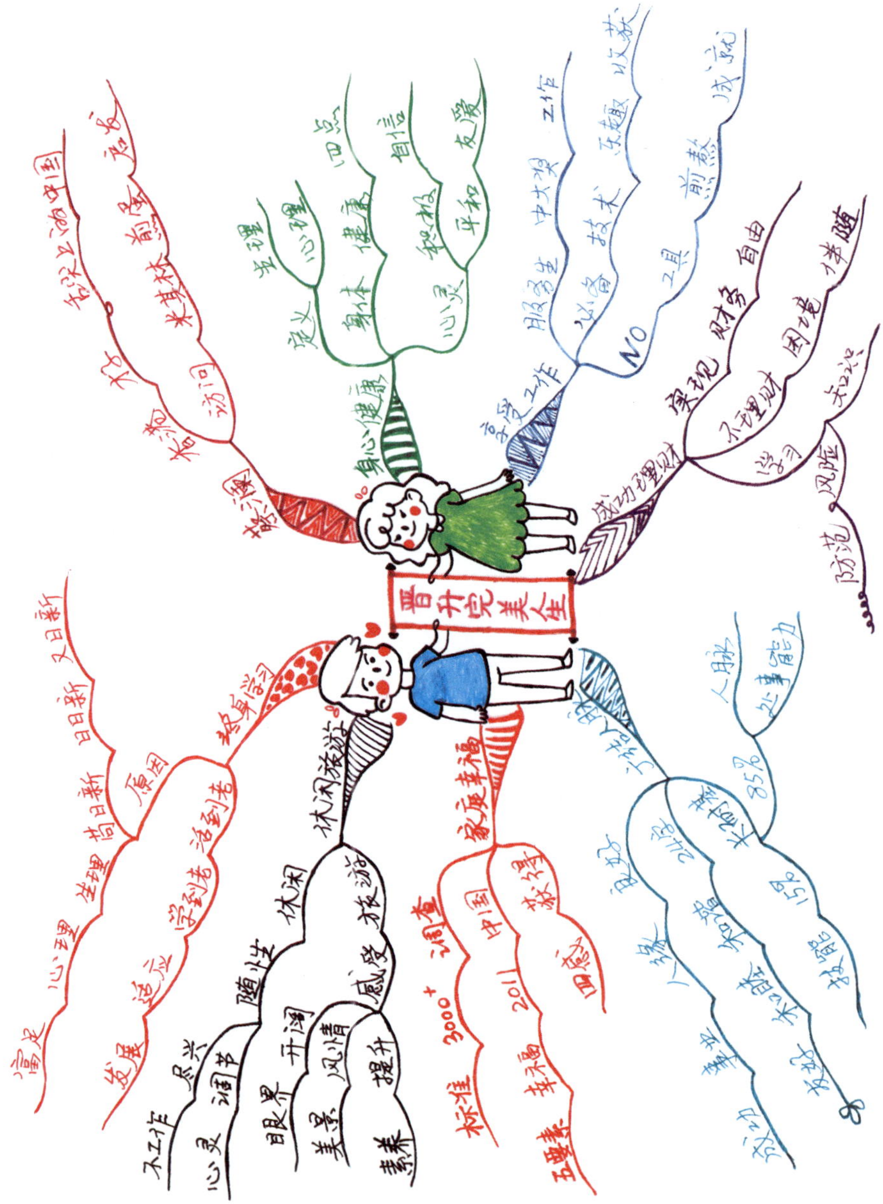
晋升完美人生
身心健康
享受工作
成功理财
终身学习
休闲旅游
家庭幸福

这本思维导图职场运用手册是我近20年的职场运用心得，同时也是近20年的培训经验与实践结果，由我的恩师托尼·伯赞先生在2017年进行了指导，然后结合国内职场的现状进行不断优化，最终选取了其中的精华，以便每一位正在职场打拼的朋友结合思维导图，运用好本书的方法，有效地提升自己的职场价值。

在全新的21世纪，人类无比希望大脑这个高度精密的器官时刻活跃，有效率地运转，帮助自己高效地记忆、思考，并且富有创造性和多维创意，因为这是身在职场中努力打拼的人激发个人潜能、提升个人和团队价值的核心。

为了服务于这个核心，在近20年的脑力培训生涯中，我常常在课堂上问学员们一个发散性问题：在时刻充满激烈竞争的职场上，你的竞争力取决于什么？同学们的回答五花八门，但几乎都是一些"人无我有，人有我优，人优我精"这样空洞的说辞，真正能有条理和步骤落实到这两个核心答案——学习力和行动力的却很少。

在现代职场上，你的竞争力取决于学习力。学习力是最本质的竞争，而学习力的落实则在于行动力。当你决定要购买这本书的一刻起，学习力的火种就立刻被点燃了，现在你需要做的事情就是把这本书中所学到的知识和方法付诸实践，这就是行动力的体现。如果只是"读书"，那么知识就只会停留在"知道"的层面。光知道是远远不够的，你还必须进一步升华：把书中的方法和知识要点用来训练和实践。只有把书中所阅读吸取到的方法、技巧、要点等付诸实践，它们才具有真正的价值。就像老祖先留下的一句话，光说不练假把式，实践才能出真知！

非常感谢你的耐心和支持，能够从本书的前言开始，从头到尾把这本书用心读完并实践运用。如果你能熟练地运用思维导图以及本书中所讲的内容，在工作当中你可以发挥出80%~90%的能力，这样不但能提升个人的工作效率，同时也能提升你身边每一位同事的效率。这看似小小的改变，定会让你变得与众不同。

同时，也希望正在阅读和实践本书内容的朋友，都能拥有一个借由思维导图来完美反映的全能大脑。只要你自己愿意，打开曾经被束缚的思维，你的学习力和行动力将没有任何限制——因为它们本来就是无限的。

大脑思维能力最全面的使用者达·芬奇曾设计了开发完全思维的四项原则：

（1）学习艺术的科学。

（2）学习科学的艺术。

（3）开发自己的感觉——特别是学习如何观察。

（4）意识到世间万物都是彼此相互关联的。

把视野再放开一点，结合运用这样的原则，发挥思维导图精髓的优势，在职场中做最好的自己，你将会发现，这个大千世界正在带领我们不断拥抱未来美好的生活。

最后：

感谢托尼·伯赞先生，是您让我在思维导图的运用和教学中不断地精进。

感谢本书的编辑郝珊珊女士，感谢您一直以来对我的信任、包容和支持。

同时也感谢我的家人、学员对我的爱和鼓励。

我们一起努力，让知识成就未来，思维改变世界！

谢谢你，祝福你！